気象予報士と学ぼう！

天気のきほんがわかる本 **6**

異常気象と地球温暖化

【文】吉田忠正　　【監修】武田康男・菊池真以

私たちといっしょに、楽しく学んでいこうね！

気象予報士と学ぼう！
天気のきほんがわかる本❻
異常気象と地球温暖化　もくじ

武田康男
（気象予報士、空の写真家）

菊池真以
（気象予報士、気象キャスター）

表紙の写真／北極海の氷とホッキョクグマ（上左）、アメリカ・カリフォルニア州のデスバレー（上右）、令和2年7月豪雨ではんらんした球磨川（下左）、オーストラリアの森林火災とカンガルー（下右）　裏表紙の写真／アラスカのオーロラ　扉の写真／南極の氷山

美しい地球環境を未来へ

　これから先、地球環境はどうなっていくのでしょうか？　だれもが気になるところです。このまま地球温暖化がすすむと、ますます異常気象がふえていくと予想されています。とくに21世紀に入ってから、その声をよく耳にするようになりました。

　私は南極観測隊員として、南極で越冬観測した経験があります。アラスカやシベリアなどへも行きました。地球上ではさまざまな変化がおこっていて、私はその実態を調査して原因は何かを考えています。

　地球の歴史をふりかえってみると、あたたかくて恐竜が繁栄していた時代もあれば、地球全体が氷におおわれた時代もありました。人類の時代になってからは、比較的寒いなかで、温暖な時期と寒冷な時期をくりかえしています。今、問題になっているのは、気候の急な変化です。100年間に平均気温が数℃も上昇することは、人間のみならず、多くの生物にとっても危機です。熱波や大雨などの異常気象もふえています。

　こうした地球の異常な気温上昇をできるだ

永久凍土がとけて、地盤が変形し道路が波うっている。北緯62度にあるカナダのイエローナイフ近郊。

▲熱帯地方の巨大な積乱雲。大気の循環をつくっている。

▲オーストラリアのグレートバリアリーフ。世界最大のサンゴ礁地帯だが、地球温暖化によりサンゴの白化がすすんでいる。

▲南極の昭和基地で、気象観測をおこなう武田康男さん。気温は−11℃。

けおさえようと、国際的な取りくみがすすめられています。世界中のさまざまな国や機関、企業などが、何ができるのかを考えながら、実行しようとしています。みなさんも、そのなかのひとりです。たとえ小さな力でも、多くの人びとの力をあわせれば、流れをかえる大きな力となります。これからの時代を生きるみなさんには、ぜひともこの美しい地球環境を、未来へつなげていってほしいと願います。

（武田康男）

猛暑日がふえている？

　気象庁は2007年から、一日の最高気温が35℃以上になった日を「猛暑日」とよんでいます。最高気温のトップは、長いあいだ、1933年に山形市で記録した40.8℃でしたが、2007年に埼玉県熊谷市と岐阜県多治見市で40.9℃を記録し、その後、2013年に高知県四万十市で41.0℃を観測するなど、何度も40℃以上を記録しています。このように最近、日本は猛暑日が多くなりました。

　その原因のひとつに、都市化がすすんだため、ヒートアイランド現象がおこるようになったことがあげられます。あたたまると冷めにくいアスファルトやコンクリートにかこまれた都市では、工場や自動車、冷暖房機の出す熱が、気温をあげるもとになっています。そのため夜になっても気温がさがらず、最低気温が25℃以上の「熱帯夜」がつづきます。こうした暑さのなか、熱中症にかかり病院にはこばれる人もふえています。

　ほかに高温をもたらすものとして、フェーン現象があげられます。高温のかわいた風が山からふきおろして、ふもとの風下側の気温があがる現象です。また、チベット高原を起源とするチベット高気圧と、南からの太平洋高気圧の両方が、日本付近をかさなっておおうような年は、猛暑がつづくこともあります。

きびしい暑さにみまわれた都心部
夜も気温がさがらず、熱帯夜に。

● ヒートアイランド現象 　都市部では日中に熱が蓄積され、夜になるとその熱が大気中に放出されるため気温がさがらない。

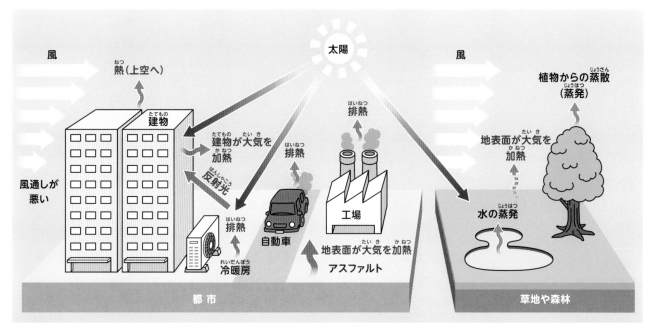

● 猛暑日の年間日数の変化
（日最高気温が35℃以上の日数。全国13地点の平均）

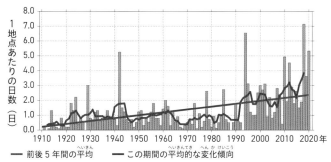

1地点あたりの日数（日）

── 前後5年間の平均　　── この期間の平均的な変化傾向

（気象庁ホームページより）

▲ 北海道でも逃げ水が　夏の暑い日射をうけて、北海道の道路で逃げ水が見られた。（2017年7月）

熊谷地方気象台
14 時発表
40.0 ℃

和ガラス浪漫

本日の最高気温
41.1 ℃

▲ 41.1℃を記録した埼玉県熊谷市。（2018年7月23日）
（提供：朝日新聞社／Cynet Photo）

● チベット高気圧と太平洋高気圧

亜熱帯ジェット気流

オホーツク海高気圧
（弱まる）

チベット高気圧（上層）

太平洋高気圧
（下層）

積雲（活発に）

▲ 2010年は亜熱帯ジェット気流（➡31ページ）がふだんより北のほうにあり、チベット高気圧と太平洋高気圧が日本付近をかさなっておおい、猛暑をもたらした。

大雨がふる回数も多くなった？

日本では2000年ごろから、大雨のふる回数が多くなりました。海面水温が高くなり、水蒸気を多くふくんだあたたかいしめった空気が流れこみやすくなっているからだといわれています。

同じような場所で数時間にわたって集中的にふるどしゃぶりの雨を、「集中豪雨」といいます。そのなかでも「線状降水帯」ということばを近ごろよく耳にするようになりました。いくつもの積乱雲が線状につらなり、何時間にもわたり、同じ地域に大雨をもたらす現象です。2014年の広島市の土砂災害以降、広くつかわれるようになりました。

また、都市部のかぎられた地域に、もうれつないきおいでふりはじめ、数十分のあいだに数十ミリ以上の雨をもたらす「局地的大雨」も、よく見られるようになりました。いきなりふってくるので、「ゲリラ豪雨」ともよばれています。これは、ヒートアイランド現象により都市があたためられたため、積乱雲が発達しやすくなったのも原因のひとつだといわれています。

大雨は、土砂災害や洪水など各地に大きな災害をもたらします。市街地の川や下水道に雨水がいっきに流れこんで、雨水が地表にあふれたりする「内水はんらん」も、しばしばおこるようになりました。

● 2020年7月の豪雨のときの空気の流れ

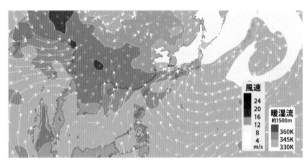

▲インド洋付近からひろがる、非常にしめった空気が、九州に流れこんだ。　　　　（提供：ウェザーマップ）

2020年7月4日の熊本県・球磨川のはんらん。約50人が犠牲となり、約6000戸が浸水した。　（提供：朝日新聞社／Cynet Photo）

●線状降水帯のしくみの例

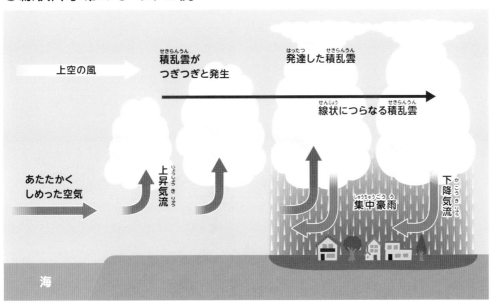

上空の風

積乱雲が
つぎつぎと発生

発達した積乱雲

線状につらなる積乱雲

あたたかく
しめった空気

上昇気流

集中豪雨

下降気流

海

◀大量に水蒸気をふくんだ、あたたかくしめった空気が、つぎつぎと積乱雲を発生させる。

線状にならんで移動し、50～300kmもの地域に雨をもたらすんだよ。

●非常にはげしい雨の発生回数

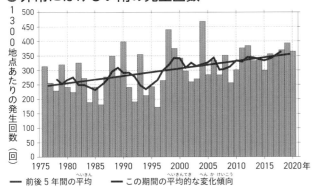

1300地点あたりの発生回数（回）

1975　1980　1985　1990　1995　2000　2005　2010　2015　2020年

——— 前後5年間の平均　　——— この期間の平均的な変化傾向

▲非常にはげしい雨（1時間に50mm以上）がふると、都市部では浸水や冠水がおきやすくなる。　（気象庁ホームページより）

●おもな豪雨災害（2011年～）

平成23年7月 新潟・福島豪雨	2011年7月27～30日　新潟県や福島県会津で記録的な大雨。阿賀野川などがはんらん。
平成24年7月 九州北部豪雨	2012年7月11～14日　福岡県八女市、大分県竹田市で土砂災害、洪水害。
平成26年8月 豪雨	2014年7月30日～8月26日　西日本～東日本で大雨。広島市で大規模土砂災害。
平成27年9月 関東・東北豪雨	2015年9月9～11日　茨城県の鬼怒川や宮城県の渋井川などがはんらん。
平成29年7月 九州北部豪雨	2017年7月5～6日　福岡県朝倉市、東峰村、大分県日田市で洪水害や土砂災害など。
平成30年7月 豪雨	2018年6月28日～7月8日　広島県、愛媛県で土砂災害、岡山県倉敷市真備町で洪水害。
令和2年7月 豪雨	2020年7月3～31日　西日本から東日本の広い範囲で大雨。熊本県の球磨川など大河川ではんらん。

（気象庁ホームページより）

●九州北部に豪雨をもたらした線状降水帯

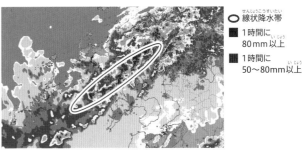

○線状降水帯

■1時間に80mm以上

■1時間に50～80mm以上

▲2021年8月14日5時30分、長崎県や佐賀県など、九州北部に線状降水帯がかかっている。　（気象庁ホームページより）

▲2021年8月に佐賀県武雄市でおきた六角川のはんらん。

（提供：朝日新聞社／Cynet Photo）

台風が強大化している?

台風は、毎年のように日本付近にやってきて、ときには上陸して大きな被害をもたらしてきました。これから地球温暖化がすすむと、台風はどうなるのでしょう?

一般には、「台風は強大となるが、発生数はへるだろう」と予想されています。温暖化により海面水温があがると、海面から蒸発する水蒸気の量が多くなり、それをエネルギーとして台風は強大になるというのです。また、日本近海の海面水温があがると、台風が勢力を落とさないまま上陸することもあります。発生数がへるのは、温暖化により海面と上空の温度差が小さくなるため、強い上昇気流が発生する機会が少なくなるからといわれています。

この10年間に大きな被害をもたらした台風をしらべてみましょう。記憶に新しいのは、2019年の9月と10月、あいついで日本に上陸した台風第15号と第19号です。これを見ると、水害、風害ともに被害は広い範囲にわたっていることがわかります。また、これまであまり大きな影響をおよぼさなかった関東地方や東北地方にも、思わぬ被害をもたらしました。

● 2019年の台風第19号のときの被害

▲ 阿武隈川流域の洪水　2019年の台風第19号の大雨により、宮城県丸森町周辺では支流の新川や五福谷川がはんらんし、市街地全体が浸水した。　（提供：朝日新聞社／Cynet Photo）

▶ 多摩川流域の二子玉川駅（東京都）近くの道路　多摩川の水位が上昇したため、支流の水が川に流れこむことができなくなり、道路にあふれた。　（提供：朝日新聞社／Cynet Photo）

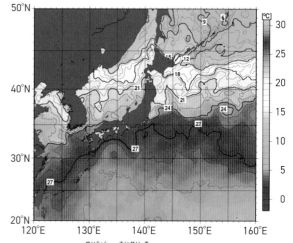

▲ 台風第19号の勢力が最盛期のときの海面水温　海面水温が27℃以上だと、台風は勢力をたもち発達する。

（気象庁ホームページより）

●最近10年間の記録的な台風

平成23年台風第12号（2011年8月30日〜9月5日）	高知県東部に上陸。岡山県に再上陸、鳥取県を通過し、日本海にぬける。死者83人、行方不明者15人。
平成25年台風第26号（2013年10月14〜16日）	伊豆諸島北部を通過し、房総半島をかすめて三陸沖へ。伊豆大島で記録的な大雨、土石流。死者40人、行方不明者3人。
平成28年台風第10号（2016年8月29〜31日）	岩手県大船渡市付近に上陸。東北地方の太平洋岸に上陸したのははじめて。死者26人、行方不明者3人。
平成30年台風第21号（2018年9月3〜5日）	徳島県南部に上陸。関西国際空港の浸水など近畿地方を中心に大きな被害をもたらした。死者14人。
令和元年房総半島台風第15号（2019年9月7〜10日）	千葉市付近に上陸。関東地方に上陸した台風としては最強クラス。死者3人、住家被害（浸水ふくむ）約7万7000棟。強風などにより最大93万4900戸で停電。
令和元年東日本台風第19号（2019年10月10〜13日）	伊豆半島に上陸。静岡、関東・甲信越、東北地方に記録的な大雨をもたらした。死者99人、行方不明者3人。住家被害（浸水ふくむ）約9万9000棟。

（気象庁、消防庁ホームページより）

●台風の発生数・接近数・上陸数

年代	発生数	接近数	上陸数
1971〜1980年	265	96	24
1981〜1990年	275	112	26
1991〜2000年	262	116	28
2001〜2010年	230	113	28
2011〜2020年	261	123	35

●日本近海の海面水温の変化

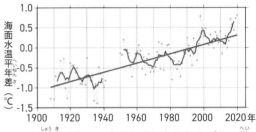

● 各年の平年差
— 前後5年間の平均
— この期間の平均的な変化傾向

▲10年周期くらいで上下をくりかえしながら、平均すると上昇傾向にある。　（気象庁ホームページより）

▲台風第19号により決壊したおもな河川と被害者数　堤防が決壊したのは71の河川、140か所にものぼった。

（国土交通省ウェブサイト「台風第19号による被災状況と今後の対応について」をもとに加工。死者・行方不明者は消防庁ホームページより）

Information

台風の力をコントロールできる？

　地球温暖化により台風が強大になる可能性が高まっているなか、2021年に台風科学技術研究センターが発足した。ここは、台風による被害を少しでも軽くしようという目的をもった研究施設で、大学の気象や防災の研究者をはじめ、気象庁、民間の企業などが参加している。

　そこでは、航空機をつかって台風の目を直接観測し、そのメカニズムを解明すること、そして予測の精度をあげること、さらに人工的に台風の勢力を弱める技術の開発などをめざしている。実際に航空機を飛ばして、台風の目の中に大量の水をまいて、台風の勢力を弱める実験を始めている。また、台風の風の力をエネルギーとして利用しようという研究もすすめている。

雪は多くなる？　少なくなる？

冬になると雪国では、雪おろしをしているときに転落したというニュースや、大雪のため道路が通行どめとなって多くの自動車が立ち往生したというニュースを耳にします。また、年によっては雪が少なくて、スキー場などは営業できないところも出てきました。これから雪はふえるのでしょうか？　それとも、へるのでしょうか？

最近では2005〜2006年の冬、日本海側で大雪となり、新潟県津南町で416cmの積雪を記録するなど、多くの地点で記録をあらためました。気象庁では43年ぶりに「平成18年豪雪」と名づけました。その後も日本海側では2018年、2020〜2021年に大雪となりま

した。大陸からの強い寒波と、日本海の海面水温が平年よりも高いことがかさなって、大量の水蒸気が供給され、記録的な大雪となったのです。

そのいっぽう、1990年代ごろから暖冬の年も多くなりました。平均して初雪はおそくなり、雪がふる日数もへり、積雪量はへる傾向にあります。なかでも日本海側の沿岸や平野部では大きくへっています。ところが、山ぞいの地域では、雪のふる日数はへっても、短期間にいっきに大雪（どか雪）がふることもあります。気温がひくい内陸や山岳部では、気温が多少あがっても、かえって水蒸気がふえるため、積雪量がふえると予想されます。

▲福井県の国道8号で大雪のため車が立ち往生。2018年2月7日、自衛隊員が除雪にかけつけた。

（提供：朝日新聞社／Cynet Photo）

▲関越自動車道の上りで車が立ち往生。2020年12月、新潟県南魚沼市。

（提供：朝日新聞社／Cynet Photo）

● 雪のふりかたのちがい ── 現在と将来

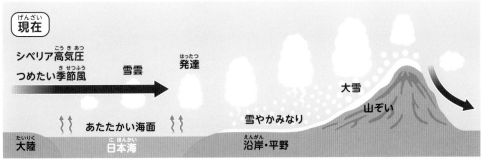

現在

シベリア高気圧
つめたい季節風 → 雪雲 → 発達

大雪
山ぞい

雪やかみなり

あたたかい海面

大陸　日本海　沿岸・平野

将来

シベリア高気圧
つめたい季節風 → 雪雲 → もっと発達

大雪
(もっと多い
こともも)
山ぞい

雨やかみなり

もっと
あたたかい海面

大陸　日本海　沿岸・平野

日本海の海面水温が
あがると、平野では
雨、山ぞいでは
大雪になりやすい。

◀シベリア付近からふいてく
るつめたい空気は、上空で約
−30℃。日本海の海面水温
は5〜10℃。

● 大きくへった新潟県の降雪量

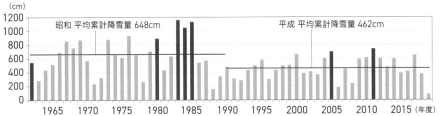

昭和 平均累計降雪量 648cm

平成 平均累計降雪量 462cm

(cm)
1200 / 1000 / 800 / 600 / 400 / 200 / 0

1965　1970　1975　1980　1985　1990　1995　2000　2005　2010　2015 (年度)

◀昭和（1962〜1988年度）の平均降
雪量が648cmなのにくらべ、平成〜
令和（1989年〜）は462cmと、大
きくへっている。5つの観測点（新発
田、新潟、長岡、十日町、上越）の平均。
（以下を改変。新潟県のホームページ「過去の
雪データ」、クリエイティブ・コモンズ・ライ
センス 表示 4.0国際）

● 日本海側の地域によってことなる積雪量の変化

北日本（稚内〜山形）の日本海側

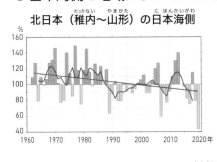

%
160 / 140 / 120 / 100 / 80 / 60 / 40

1960　1970　1980　1990　2000　2010　2020年

東日本（新潟〜敦賀）の日本海側

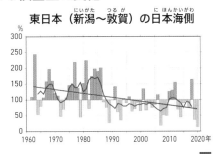

%
300 / 250 / 200 / 150 / 100 / 50 / 0

1960　1970　1980　1990　2000　2010　2020年

西日本（彦根〜熊本）の日本海側

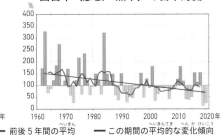

%
400 / 350 / 300 / 250 / 200 / 150 / 100 / 50 / 0

1960　1970　1980　1990　2000　2010　2020年

── 前後5年間の平均　── この期間の平均的な変化傾向

▲ 100％は1981〜2010年における年最深積雪の平均値。200％はその2倍、50％はその半分をしめす。（気象庁ホームページより）

● 災害をもたらした大雪（2000年〜）

2005年12月〜2006年3月（平成18年豪雪）	12月〜1月中旬、日本海側で大雪。屋根の雪おろし中の事故や家屋がつぶされるなどの被害が多く発生。死者152人。
2018年1月22〜27日	太平洋側の平野部で大雪。その後、日本海側を中心に暴風雪。広い範囲で道路の通行どめや鉄道の運休。
2018年2月3〜8日（平成30年豪雪）	「北陸豪雪」新潟県では電車が15時間も立ち往生。「福井豪雪」福井県の国道では自動車約1500台が立ち往生。
2020年12月14〜21日	北日本から西日本の日本海側を中心に大雪。関越自動車道などで多くの自動車が立ち往生。
2021年1月7〜11日	広い範囲で大雪・暴風。新潟県高田をはじめ多くの地点で、観測史上1位を更新。道路の通行どめ、鉄道の運休など。

▲青森県酸ヶ湯で、2013年2月26日、最深
積雪566cmを記録した。

（提供：朝日新聞社／Cynet Photo）

（気象庁ホームページより）

南方の昆虫が北上している？

近ごろ、ウメやサクラの開花日が早くなっています。サクラの開花日は東京では3月末から4月ごろだったのが、2020年は3月14日と、ずいぶん早くなりました。いっぽう、イチョウの黄葉日はおそくなっています。東京では11月中旬だったのが、最近では下旬になっています。

南方の昆虫も北方で見られるようになりました。西日本に多く生息していたナガサキアゲハが、宮城県でも観察されています。西日本に多かったクマゼミも、東日本へとひろがっています。熱帯の病気のひとつデング熱を媒介するヒトスジシマカ（やぶ蚊）が、東北地方にまでひろがっています。

植物の世界でも変化が見られます。日本に広く分布する冷温帯のブナ林がへり、暖温帯のアカガシ林などがひろがっています。

温暖化の影響は農業や漁業にも見られます。米をはじめ、ミカンやリンゴの産地は北上しています。サワラなど南方の魚は北上し豊漁が期待されますが、サケやサンマなど北方の魚はへっています。九州から関東にかけての温帯の海では、コンブなど海藻がなくなり、海の生態系もかわっています。

● 北上するナガサキアゲハ

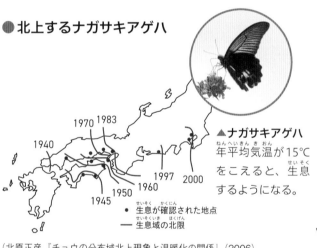

▲ナガサキアゲハ
年平均気温が15℃をこえると、生息するようになる。

● 生息が確認された地点
― 生息域の北限

（北原正彦『チョウの分布域北上現象と温暖化の関係』(2006)
国立環境研究所地球環境研究センターニュース17(9):7-8）

● 北上するヒトスジシマカ

青森 (2015〜)
八戸 (2015)
大館 (2013)
大槌 (2011〜)

〜2010年
〜2000年
〜1950年

▲ヒトスジシマカ
デング熱は2014年に関東地方で流行し、160人が感染した。

●●● 生息が確認された地点
― 生息域の北限

（国立感染症研究所ホームページより）

● 世界遺産の白神山地でブナ林がへってしまう？

■ ブナの生育に適したところ（適地）

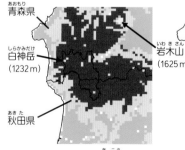

青森県
白神岳 (1232m)
岩木山 (1625m)
秋田県

▲1996年の気候では、白神山地の95%がブナの生育に適している。

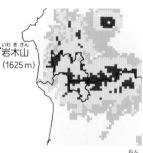

▲2031〜2050年に年平均気温が2.2℃あがると、適地は30%に。

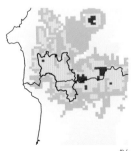

▲2081〜2100年に年平均気温が2.8℃あがると、適地はわずかに。

▲ブナの木　　（提供：松井哲哉）

（松井哲哉ほか「温暖化にともなうブナ林の適域の変化予測と影響評価」(2009)地球環境、森林総合研究所）

●北上するミカンの生産地

■ 適地（ウンシュウミカン）
■ より高温
■ より低温

現在

↓

2060年代
（予測）

ウンシュウミカンは年平均気温15℃以上のあたたかい地域で生産されているが、関東地方や東北地方もおもな生産地になるかもしれない。

▲山形県の庄内地域でスダチの栽培　四国の徳島県特産のスダチが、山形県でも栽培されるようになり、2017年から収穫を開始した。ただし冬は雪よけをかぶせなければならない。

（提供：山形県庄内産地研究室）

●北上するリンゴの生産地

■ 適地（リンゴ）
■ より高温
■ より低温

現在

↓

2060年代
（予測）

リンゴの生産地は年平均気温が 6〜14℃、昼夜の温度差が大きいところが適している。おもな産地である長野県ではつくれなくなる可能性も。

（農研機構ホームページより）

 Let's Try! サクラの開花日の変化をしらべよう

気象庁のホームページから「さくらの開花日」を開くと、日本全国約60地点のサクラの開花日がしらべられる。しらべたい地点の開花日を書きだして、10年ごとにまとめて平均を出してみよう。東京の場合、1981〜1990年が3月29日、1991〜2000年 が3月28日、2001〜2010年 が3月23日、2011〜2020年が3月22日だった。同じようにしてイチョウの黄葉日をしらべて、10年ごとにまとめて平均を出してみよう。東京は1981〜1990年が11月18日、2011〜2020年が11月25日だった。みんなの地域はどうだろう。

 Information 南の海ではサンゴがへっている？

沖縄の浅い海では、海水温があがっているため、サンゴの白化がすすんでいる。サンゴと共生する植物プランクトンの褐虫藻がサンゴからぬけだしたため、栄養がとだえてサンゴが白くなるのだ。これが長くつづくと、サンゴは死滅するという。

ほかに海水の酸性化によりサンゴの石灰ができにくくなっていることや、台風により海水がかきまぜられてサンゴが破壊されることなどがサンゴ減少の原因としてあげられる。

▲白化したサンゴ　石垣島周辺の海で。

（提供：朝日新聞社／Cynet Photo）

世界の異常気象をさぐろう

● 世界のおもな異常気象 （2020年）

世界各地で異常高温が発生し、シベリアをはじめ、ノルウェー、デンマークなどで平均気温の最高記録を更新した。
中国や日本、フィリピン、インドなどで大雨がふり、アメリカ南部ではハリケーンがあいついだ。森林火災もおこっている。

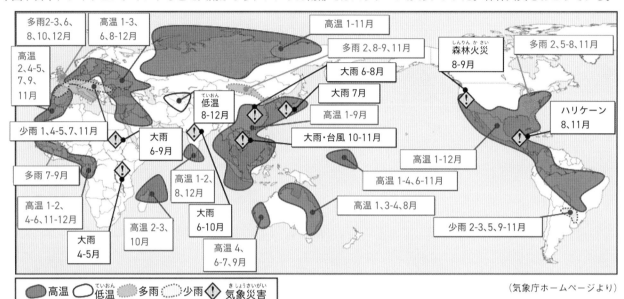

（気象庁ホームページより）

カナダで49.6℃の熱波が発生

2021年6月29日、カナダの西海岸を熱波がおそい、バンクーバーの北東にあるリットンで最高気温49.6℃と、国内観測史上最高を記録しました。この記録的な猛暑と熱波で、約500人もの死者が出たと伝えられました。日本の北海道よりもはるか北にあるカナダの地で、このような熱波がおこるなど、とても考えられなかったことです。この熱波はアメリカ北西部のワシントン州、オレゴン州、カリフォルニア州にもひろがり、デスバ

● カナダをおそった異常な熱波　2021年6月下旬　北極から見た地図

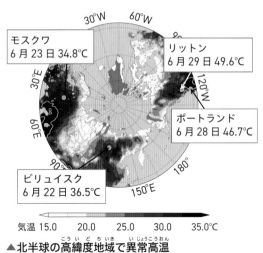

▲北半球の高緯度地域で異常高温

◀熱波の原因は偏西風の蛇行

偏西風が北へ大きくくいこんでいる地域は、南からあたたかい空気が流れこんで暑くなる。さらに高気圧の動きがとまって、何日も暑い日がつづいた。

上空約1500mの気温。6月20〜29日の平均。

（気象庁ホームページより）

レーで54.4℃を記録しました。

　熱波とは、気温が高い時期に、異常な高温が、広い地域で何日もつづく現象をさします。2003年夏、ヨーロッパをおそった熱波により、広く知られることになりました。この年、フランスでは国内観測史上最高の44.1℃を記録。フランスだけでも1万4000人以上、ヨーロッパ9か国あわせると約5万2000人もの死者が出ました。

　この500年ぶりといわれた熱波が、こののち、たびたびおこるようになりました。熱中症などで死者が出るほか、森林火災や山火事がおこりやすくなり、永久凍土や氷河の氷がとけるなど、被害をひろげています。

● 世界でおこったおもな熱波・異常高温

2010年6～8月	ロシア西部は異常高温・異常少雨となり、熱波による死者5万5000人以上、森林火災で60人以上が死亡。
2015年5～6月	インドは5月下旬、熱波に見まわれ、中部～南東部で2300人以上が死亡。パキスタン南部は6月後半の熱波で1200人以上が死亡。
2016年3～5月	インドは熱波に見まわれ、東部～南東部で580人以上が死亡。
2019年6～7月	ヨーロッパ北部～中部で熱波が発生。フランス南部で46℃、ドイツやオランダなどでも40℃以上を記録した。
2020年1～11月	ロシアの中央シベリアのビティムで1月の平均気温が－14.4℃（平年より＋14.2℃）。各地で高温を記録。
2021年6～7月	カナダ西部～アメリカ北西部で熱波。アメリカ西部で1000人以上が死亡。

（気象庁ホームページより）

▲気温48℃を記録したインドのデリー　2019年6月、地域のボランティアがつめたい水やジュースを出している。

（提供：Cynet Photo）

▲最高気温42.6℃を記録したフランスのパリ　2019年7月、パリのトロカデロ広場で水あびをする人びと。

（提供：Cynet Photo）

▲猛暑のバンクーバー　プールで暑さをしのごうと、列をつくる人びと。

（提供：Cynet Photo）

▲カナダ西部やアメリカ北西部の州では森林火災が発生。写真は7月、カリフォルニア州でおこった森林火災のようす。

（提供：Cynet Photo）

各地で大規模な森林火災

2021年6月末、カナダ〜北アメリカをおそった熱波によって、アメリカ北西部の州で、大規模な森林火災がおこりました。さらに7〜8月、地中海周辺のイタリア、ギリシャ、トルコ、アルジェリアなどの国ぐにでも大規模な森林火災がおこりました。

オーストラリアは、毎年のように森林火災をくりかえしていますが、最近では2019年から2020年にかけ、240日以上つづく火災がおこりました。ふだんの年の18倍もの地域が焼け、森をうばわれたコアラは、3分の1以上が死亡したと伝えられました。

森林火災は北極圏でもふえています。永久凍土がとけはじめたシベリアやアラスカでは、泥炭の多い湿地が乾燥し、発火しやすくなっているのです。平年をこえる高温がつづくロシアのシベリアでは、2018年から2021年まで4年つづいて広い範囲で森林火災がおこっています。

南アメリカのアマゾン川流域をはじめ、東南アジアやアフリカにひろがる熱帯雨林でも、しばしば森林火災がおこっています。巨大な樹木でおおわれた森林は、光合成をおこなって酸素を出し、二酸化炭素を吸収するだけでなく、大量の水をたくわえる、天然のダムでもあります。また、大型の動物から微生物にいたるまで、生物多様性をはぐくむ役割をはたしています。

あいつぐ森林火災により、貴重な森林がうしなわれるとともに、大量な二酸化炭素やメタンの排出により地球温暖化がすすんでいるのです。

オーストラリアでブッシュファイヤーとよばれる山火事は、植物が新しい芽を出すためには必要だが、ときとして燃えひろがって、大きな被害をもたらすこともある。それにより、コアラやカンガルーなど多くの野生動物がすみかを追われてしまう。（提供：Cynet Photo）

● 世界でおこったおもな森林火災

2018年7〜9月、11月	アメリカのカリフォルニア州では7〜9月の火災で、約1860km²の森林が焼失。11月の火災では85人が死亡。
2019年1〜10月	アマゾン川流域のブラジル、ボリビア、パラグアイなどで、約1万8000km²を焼失。多くの希少種が減少した。
2019〜2020年	オーストラリア東部で発生した火災はシドニー近郊までせまり、34人が死亡。約3000の家屋や数千のビル、約17万km²の森林が焼失。
2020年6月	シベリアでは過去最高気温の38℃を記録。大規模な森林火災に発展し、焼失した面積は約19万km²に。
2020年8〜9月	アメリカのカリフォルニア州では約4180km²の森林が焼失。1932年以来最大となる。西部では30人以上が死亡。
2021年6〜7月	カナダ〜アメリカ西部で火災。カナダ西部では180件以上の山火事が発生。リットンでは村の90%が焼失した。
2021年7〜8月	スペイン、イタリア、ギリシャ、トルコ、アルジェリアなど、地中海周辺の地域で山火事が発生。

（気象庁、国立環境研究所、WWFジャパン、グリーンピースのホームページより）

▲オーストラリアの森林火災　2019年に発生した森林火災は、2020年に入っても燃えひろがった。アメリカチームの助けをかりながら鎮火にあたるオーストラリアの消防士。2020年1月。（提供：Cynet Photo）

Information　森林火災の原因は？

　森林火災の原因のひとつとして、自然発火があげられる。高い気温がつづくことにより、落ち葉などが乾燥し、それがこすれあって発火し、まわりに燃えひろがることや、落雷による発火などが考えられる。また、人がかかわるものとして、たき火、野焼き、タバコのすいがら、放火などがあげられる。気温があがることにより土の中の水分がなくなり、地表がかわききることから、森林火災がおこりやすくなる。

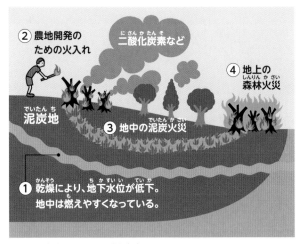

▲泥炭火災による森林火災　植物がつみかさなってできた泥の層がかわいて、火がつきやすくなっている。さらにこれが燃えると二酸化炭素の排出量も多くなる。

③積乱雲が発達する

②上空で冷やされて、雲ができる。

④雨がふっても、上空で蒸発してしまう。

⑤かみなりが落ちてきて、火がつく。

①火事により煙が発生する

⑥つぎの火災を発生させる。

▲かみなりによる発火　気温の上昇により大気が不安定になり、かみなりがふえる。雨がふっても乾燥しているため蒸発してしまう。

干ばつと水不足、すすむ砂漠化

　干ばつとは、長いあいだ雨がふらず、ふったとしてもわずかで、水不足になり、農作物などに大きな被害をあたえることです。干ばつが長びくと、その土地は砂漠化してしまいます。アフリカでは以前からひどい干ばつがつづいたため、水や食糧がなくなり、多くの人びとが難民となってほかの国へ移住していきました。この干ばつが、アメリカやオーストラリア、インドや中国、そしてヨーロッパでも、ひんぱんにおこるようになりました。

　干ばつの原因のひとつに地球温暖化があげられます。人間活動による面も見のがせません。熱帯雨林をはじめ森林の多い地域では、農地の開拓や都市の開発のため、森林を切りひらいてきました。森林は水をたもつダムの役割をはたしてきましたが、それがなくなると土地がかわいて、気温はあがりやすくなり、降水量も少なくなります。

　また、家畜を放牧している地域では、家畜が植物を食べつくしてしまい、土地がやせて乾燥しやすくなっています。アメリカやオーストラリアなど、農業のさかんな地域では、かんがいにより大量の水をつかうため、地下水がなくなり乾燥がすすんで、干ばつがおこりやすくなっています。

　これから先、温暖化がすすみ、干ばつの日数がふえると、心配なのは水不足です。すでに2000年時点で、世界の約3分の1の人びとが、必要な量の水をえられない地域に住んでいるといわれています。食糧もふくめ、水不足が大きな問題になってくるでしょう。

●アメリカの干ばつ

▲カリフォルニア州のデスバレー　2020年、2021年とつづけて54.4℃の最高気温を記録。（提供：Cynet Photo）

◀干あがりそうなダム　2014年8月、水不足が慢性化しているカリフォルニア州では、ダムの水が干あがりそうな状態に。農業用に地下水を大量にくみあげてきたことも、干ばつの原因とされている。

（提供：Cynet Photo）

● 世界のおもな干ばつ

2014年6〜8月	中国北東部と黄河や淮河流域では降水量が平年の半分以下となり、13の省と自治区は数十年ぶりの深刻な干ばつにみまわれた。
2014年通年	アメリカのカリフォルニア州では、2013年からつづく干ばつにより森林火災や農業被害があいついだ。
2016年1〜5月	東南アジア各地で干ばつ。ベトナムのメコンデルタでは、海水がさかのぼり、塩害がひろがった。インドネシアやマレーシアでは森林火災が増加し、稲作に深刻な被害。
2018年1〜3月	アルゼンチン北部およびその周辺で干ばつ。
2018年1〜9月	オーストラリア南東部は干ばつのため、農業収益が2002〜2003年につづき最悪に。
2018〜2019年	アフリカ南部では1985年以来最少の降雨量を記録。世界遺産のビクトリア滝が干あがるほどで、作物は育たず、ジンバブエやザンビアなど16か国の約4500万人が食糧難に。
2019年夏	インド南部の都市チェンナイでは、干ばつにくわえ5月末からの熱波がくわわり、数百万人が水不足に直面した。

（気象庁、国連、NewsWeekのホームページより）

これから先、水と食糧と感染症が大きな問題となるでしょう。

● 中国の干ばつ

▲乾燥してひびが入った河南省のため池。（2014年8月）

（提供：Cynet Photo）

● アフリカ・ソマリアの干ばつ

▲川の底から水をくみだす女性。ソマリアでは2017年に、人口の半数近くの約600万人が食糧不足におちいった。

（提供：Cynet Photo）

天気のことば　バーチャルウォーターって何？

　野菜や肉などの食料をつくるのに、どれだけの水が必要だろうか。それを計算して出した数字がバーチャルウォーター（仮想水）量だ。たとえば1kgのトウモロコシを生産するのに約1.8m³、牛肉1kgだったらその2万倍の水が必要だ。日本の食料自給率は約40％。食料をえるために、日本は海外の水にたよってきたことになる。日本に輸入されたバーチャルウォーターは、約800億m³（2005年）。日本の国内でつかう水の量とほぼ同じだ。

　そこで水資源を守るために、森林をひろげようという活動が始まった。自分たちでつかうのと同じ量の水を自然にかえそうという「ウォーターニュートラル」の動きだ。

● 食料を1トンつくるのに必要な水の量

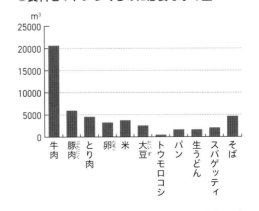

（環境省　バーチャルウォーター量一覧表より）

各地をおそう大雨・大洪水

地球温暖化がすすむと雨がふらなくなり、干ばつや熱波におそわれる地域がひろがるいっぽう、大雨により洪水にみまわれる地域も出てきます。雨がふらない地域と、大量の雨がふる地域があらわれ、どちらもこれまでになかったような極端な被害がおこるようになりました。

とくに最近、大規模な洪水や土砂災害のニュースをよく聞くようになりました。そのうちの約90％がインドや中国などアジアに集中しています。インドでは雨季に入ると、毎年のように大雨の被害にみまわれます。2018年8月には南部から北部にいたる広い地域で大雨がふり、死者が1500人をこえ、

「過去100年で最悪」ともいわれました。

中国では2020年6〜8月、梅雨前線が活発になり、2か月以上も雨がふりつづき、長江

●中国の長江中〜下流域の大雨

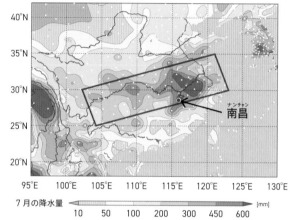

▲ 2020年6月と7月の降水量は過去24年間で最多。南昌の7月の降水量は693mmだった。　（気象庁ホームページより）

2020年8月、長江の流域にある重慶市は洪水にみまわれた。　（提供：Cynet Photo）

やその支流で洪水が発生。死者・行方不明者は270人に達し、約6300万人が被災したと伝えられています。

ヨーロッパでも平年を上まわる大雨がふるようになりました。2016年5〜6月、フランス、ドイツ、オーストリアにいたる各地で大雨がふり、フランスでは「150年でもっとも多い降水量」といわれました。2021年7月には、ドイツ西部、ベルギー、オランダなどを中心に記録的な大雨がふり、洪水が発生。死者は240人以上にのぼりました。

● 世界のおもな大雨による被害

2017年2〜4月	コロンビア南西部〜ペルーで大雨、420人以上が死亡。
2017年6〜9月	南アジア〜アフガニスタン北東部で大雨、2800人以上が死亡。
2018年3〜5月	東アフリカ北部〜中部で大雨やトロピカル・ストームにより、500人以上が死亡。
2018年6〜9月	インド各地で大雨、1500人以上が死亡。
2018年7〜9月	ナイジェリアで大雨、300人以上が死亡。
2019年3月	インドネシアで大雨、200人以上が死亡。
2019年3〜4月	中東北部〜インドで大雨、370人以上が死亡。
2019年6〜8月	中国東部〜タイ北部で、大雨や台風第9号、第12号などにより、240人以上が死亡。
2019年7〜10月	南アジアおよびその周辺で大雨、2300人以上が死亡。
2019年10〜12月	東アフリカ北部〜西部で大雨、400人以上が死亡。
2020年6〜8月	中国の長江流域で大雨、死者・行方不明者合計270人以上。
2020年4〜5月	東アフリカ中部およびその周辺で大雨、合計500人以上が死亡。
2020年6〜10月	南アジアおよびその周辺で大雨、2700人以上が死亡。
2020年6〜9月	イエメン西部、スーダン、ニジェールで大雨。合計370人以上が死亡。

（気象庁ホームページより）

● インド南部の洪水

▲ 2018年6月以来、インド南部のケララ州では「過去100年で最悪」といわれる大雨にみまわれた。被害は北部の州までひろがり、死者は1500人以上に。飲み水が手に入りにくくなり、感染症もひろがった。
（提供：Cynet Photo）

● ドイツ〜ベルギーの洪水

リューデンシャイト

7月12日〜14日の降水量
5　10　30　50　80　100　150　[mm]

▲ 2021年7月、ヨーロッパ中部で上空のつめたい空気をともなう低気圧が停滞したため、大雨がふり洪水が発生。ドイツのリューデンシャイトでは、一日で7月の降水量の約1.5倍の雨がふった。
（気象庁ホームページより）

▲ 数日間つづいた大雨で、ライン川の支流アール川がはんらん。ドイツ西部の州では、家がこわされ、自動車は水没し、多くの橋が流された。川のはんらんは下流のベルギーやオランダまでまきこんで、大きな被害をもたらした。

（提供：Cynet Photo）

巨大化するスーパー台風、ハリケーン

台風は、あたたかい海水をエネルギーとしてさらに成長し、より強いスーパー台風となります。あたたかい海にかこまれたフィリピンは、毎年のように「台風（Typhoon）」におそわれます。なかでも2013年11月に発生したスーパー台風「ハイエン」は、中心気圧が895hPa（ヘクトパスカル）まで発達、最大瞬間風速が秒速90mをこえるはげしい風をともなって、フィリピンに上陸しました。風によってふきよせられた海水は、高さ5〜6mの高潮となって沿岸部をおそい、死者・行方不明者は約8000人、被災者は1600万人以上にのぼりました。

アメリカ南東部やカリブ海諸国では、毎年のように「ハリケーン」とよばれる、強い熱帯低気圧におそわれます。アメリカには2005年に「歴史的ハリケーン」とよばれる「カトリーナ」が上陸。死者数は1833人（推定）にのぼりました。最近では2017年に「ハービー」がテキサス州に上陸。テキサス州では十数万軒が浸水し、103人の死者を出しました。また2021年にはカテゴリー4の勢力をもった「アイダ」が上陸。ルイジアナ州では約100万軒が停電するなど、各地に大きな被害をもたらしました。

インド洋で生まれた強い熱帯低気圧は、「サイクロン」とよばれ、インドやアフリカ東部の国ぐにに被害をもたらしています。海水の温暖化にともない、このような「スーパー台風」がふえるものと予想されます。

フィリピンに上陸した「ハイエン」 歴史上もっとも強い台風といわれ、レイテ島のタクロバン市では約70〜80％の人びとが家をうしなった。（2013年11月）（提供：Cynet Photo）

●スーパー台風ができるわけ

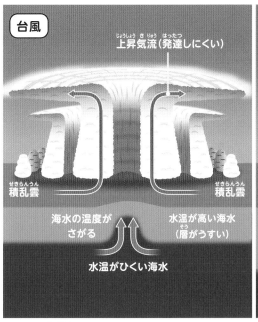
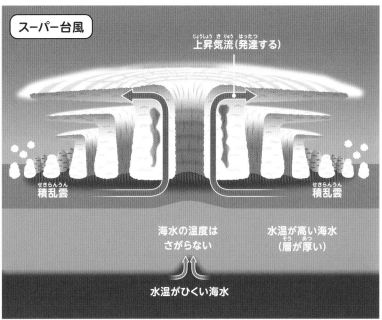

▲台風は発達するにしたがい、強い風がふいて深いところのつめたい海水と、海面に近いところのあたたかい海水をまぜあわせる。深さ100m以上のところまで海水があたたかいと（右図）、蒸発する海水の量がふえて、台風は発達しつづけ「スーパー台風」ができる。

▲「ハービー」が上陸し水びたしになったテキサス州ヒューストン市　2017年8月、カテゴリー4でテキサス州に上陸後、勢力を弱めたが、停滞して記録的な大雨に。道路は冠水し、2週間以上も通行どめとなった。　（提供：Cynet Photo）

▲「アイダ」により冠水したニューオリンズ市　アイダはその後北上し、2021年9月、ニューヨーク市では1時間に80mmの雨がふり、地下鉄に浸水した。　（提供：Cynet Photo）

台風とハリケーン

　熱帯低気圧が発達し、中心付近の最大風速が秒速17.2m以上になったものを、日本をふくむ太平洋北西部では「台風（Typhoon）」とよぶ。カリブ海やメキシコ湾をふくむ北大西洋や北太平洋東部で発達した熱帯低気圧で、最大風速が秒速33m以上のものを「ハリケーン」とよぶ。同じ熱帯低気圧でも、地域によってよびかたや強さの基準がちがう。

●台風とハリケーンの強さ

風速 (m/秒)	台　風	ハリケーン		風速 (m/秒)
17	熱帯低気圧	熱帯低気圧		
33	台　風			33
	強い台風	カテゴリー1		
44		カテゴリー2		43
	非常に強い台風	カテゴリー3	メジャー・ハリケーン	49
54		カテゴリー4		59
	もうれつな台風	カテゴリー5		70

海面はどのくらい上昇している？

　地球温暖化により、海面が上昇しているといわれますが、どのくらいあがっているのでしょうか？　1901年から2018年のあいだに、世界の平均海面水位は約20cmあがっていることがわかっています。一年あたりにすると1901～1971年は1.3mmですが、1971～2006年は1.9mm、2006～2018年は3.7mmと、最近になるほどあがっています。

　それでは、海面はなぜあがるのでしょうか？　あたためられた海水が膨張して体積がふえることや、陸の氷がとけて海に流れこむことなどがあげられます。

● 世界の平均海面水位の変化（1900～2010年）

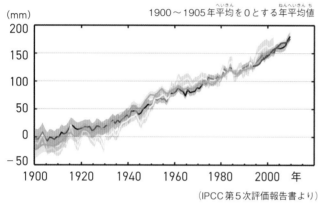

1900～1905年平均を0とする年平均値

（IPCC第5次評価報告書より）

● 海面の水位上昇の要因（一年あたり上昇）

あたためられた海水の膨張	1.1mm
高山などの氷河がとける	0.76mm
グリーンランドの氷床がとける	0.33mm
南極の氷床がとける	0.27mm
陸の貯水量がへる	0.38mm
合　計	2.84mm

（IPCC第5次評価報告書より）

グリーンランドの氷河　グリーンランドでは陸の氷床がなくなるスピードが速くなっている。グリーンランドの氷がすべてとけたら、海面は7mあがると予測されている。　（提供：Cynet Photo）

グリーンランドや南極では、陸上の氷（氷床）がとけて海に流れこんでいます。ヒマラヤやアルプスなど高山では氷河がとけだしています。シベリアをはじめとする高緯度地域の永久凍土もとけだしました。氷がとけて、地面があらわれると、太陽熱を吸収しやすくなるため、大気をあたためて、氷がとけるスピードを速めます。

このままいくと21世紀末には、海面は約100年間で28〜101cmあがると予測されています。海面が1m近くもあがったら、インド洋のモルディブ諸島や南太平洋のツバルやフィジーなど、海抜のひくい島国は水没してしまいます。大河の三角州にひらかれたバンコクや上海、ニューヨークなどの大都市も、洪水や高潮の被害をうけやすくなります。

海岸が水没するだけでなく、砂浜も消えていきます。海面が1mあがると、日本の砂浜の90％以上がうしなわれるだろうと予測されています。

▲**海水につかったツバルの住宅**　平均海抜が1.5mのツバルでは、満潮時には、住宅や道路に海水が入りこんでくる。住民たちのニュージーランドへの移住が始まっている。

（提供：朝日新聞社／Cynet Photo）

▲**ヒマラヤの氷河**　ヒマラヤの氷河の消えるスピードが加速している。とけた水は、氷河湖をあふれさせ、ふもとの川をはんらんさせている。

（提供：Cynet Photo）

Information　北極の氷がなくなるとどうなる？

北極の氷（海氷）はとけて年ごとに量はへっているが、海にうかんでいるので、とけても海水面の上昇にはつながらない。しかし北極の氷がとけると、海水はあたためられやすくなり、のこりの氷がとけるスピードを速める。21世紀なかばには、9月の北極海に氷はなくなるだろうと予測されている。

氷がなくなれば、北極海を自由に航行できると考える人もいるが、地球上の気温のバランス（平均化）をたもってきた海洋の大循環をにぶらせて、地球上の気候を大きくかえることも予測される（➡30〜31ページ）。

▲北極海の氷の上で食べ物をさがすホッキョクグマ。

（提供：Cynet Photo）

多くの動植物が絶滅の危機に？

　地球温暖化がすすむと、地球の自然環境も大きくかわります。現在、温帯の地域が熱帯や亜熱帯の気温の高い地域へとかわっています。そのいっぽうで、極地や亜寒帯、高山帯など気温のひくい地域がへっていきます。暑さに弱い動植物は、くらしやすいところをもとめて北へ、あるいは高地へと移っていきます。寒冷地の動植物は、行き場がなくなり、絶滅する種も少なくありません。

　また海洋では、大気中の二酸化炭素がふえることにより、海水にとける二酸化炭素もふえて、海水の酸性化がすすみます。すると、サンゴや貝類、プランクトンのなかには、体をつくることができず死滅するものも出てきます。さらにこうした生物がいなくなると、海でくらすほかの生物たちも、生育する環境をうしなっていきます。

　生物の絶滅の原因は温暖化のほかにも、森林伐採や土地開発など人間による生息環境の破壊、生物の乱獲、外来種のひろがりなどがあげられますが、これまでにないスピードですすむ気候変動や、多発する異常気象がひきおこす環境の変化は、さまざまな野生生物を絶滅のふちへ追いこんでいるのです。

●地球温暖化の影響をうけているおもな野生動物

極寒地の縮小
ホッキョクグマ
亜寒帯の北上
砂漠の拡大
ジャイアントパンダ
ユキヒョウ
温帯域の北上
極寒地の縮小
ベンガルトラ
アオウミガメ
砂漠の拡大
亜熱帯の北上
アフリカゾウ
スマトラオランウータン
砂漠の拡大
シロナガスクジラ
砂漠の拡大
コアラ

ホッキョクグマ

▲北極の海氷の上でアザラシなどをとって食べているが、氷がとけてなくなると狩りをする場所がなくなる。推定個体数2万6000頭。　©Debra Garside

ユキヒョウ

▲ヒマラヤや中央アジアの寒冷地にすむ。温暖化により生息場所がせばまっているうえ、密猟により数がへっている。推定個体数2710～3386頭。

©Muhammad Osama / WWF-Pakistan

コアラ

◀あいつぐ干ばつや森林火災により、すむ場所をうしなっている。推定個体数は10万～50万頭。異常気象という大きな脅威の前にあっては、その数もけっして十分とはいえない。

©Shutterstock / rickyd / WWF

世界自然保護基金（WWF）の活動
——人と自然が調和した未来をめざして

WWFは100か国以上で活動している環境保全団体で、1961年にスイスで設立された。人と自然が調和して生きられる未来をめざして、サステナブルな社会の実現をおしすすめている。とくに、うしなわれつつある生物多様性の回復や、地球温暖化防止のための脱炭素社会の実現にむけた活動をおこなっている。

そのなかのひとつWWFジャパンは、①地球温暖化をふせぐ、②持続可能な社会をつくる、③野生生物を守る、④森や海を守る、の4つを柱として活動をすすめている。

具体的には、おもに東南アジアを中心に、森林など日本の消費により環境破壊がすすむ地域を対象として、野生生物の調査、密猟をふせぐためのパトロール、保護区の設立、植林などをおこなっている。このほかに南西諸島のサンゴ礁の保全や、水田地帯の生物多様性を守る活動など、未来をきずくためのさまざまな活動をすすめている。

◀スマトラ島の熱帯雨林の保全にとりくむWWFのスタッフたち。
©WWF-Japan

2章

世界の異常気象をさぐろう

アフリカゾウ

▲象牙をねらった密猟で数をへらし、干ばつによる水や食料不足により、生息場所がせばめられている。推定個体数は41万5000頭。
©Kinjal Vasavada

ジャイアントパンダ

▲竹を主食にして竹林にすむ。気候変動による竹林の減少が心配される。推定個体数最大1000頭。　©Fritz Pölking / WWF

ベンガルトラ

▲インドやバングラデシュの沿岸にすむ。密猟のほか、海面上昇によるマングローブ林の減少が心配される。推定個体数2500頭未満。©Staffan Widstrand/WWF

アオウミガメ

▲海水の酸性化により食べ物となる海藻がなくなる。砂の温度が高いとメスが生まれる可能性が高いことから、オス・メスのバランスがくずれている。
©Jürgen Freund / WWF

スマトラオランウータン

▲スマトラ島の熱帯林にすむ。農地の開発などにより森がへり、主食のくだものが生育しないなどして、絶滅の危機にひんしている。推定個体数は7300頭。
©naturepl.com /Anup Shah / WWF

シロナガスクジラ

▲海水の酸性化や海面近くの水温が高くなることにより、プランクトンをふくむ食料がなくなる。推定個体数は5000〜1万5000頭。
©naturepl.com / Alex Must / WWF

（WWFジャパンのウェブサイトより　https://www.wwf.or.jp/）　29

3章

異常気象をもたらすものは？

地球をめぐる大気と海洋の大循環

地球の赤道付近は、太陽からの熱をうけやすいため気温が高くなり、南極や北極に近いほど気温がひくくなります。この温度差を小さくするはたらきをしているのが、地球をめぐる大気と海洋の大循環です。

赤道付近であたためられた空気は上昇して、両極へとわかれてむかい、緯度30度付近で冷やされて下降します。また両極から赤道へむかって下降してきた空気は、緯度60度付近であたためられて上昇します。このふたつの流れにはさまれた中緯度帯では、上空を偏西風が西から東へ流れています。

海洋では、太平洋やインド洋のあたたかい表層水が、大西洋を北上し、北極圏のグリーンランド沖まで流れています。このあたりでは海水は塩分を多くふくみ、つめたく重くなっているため、海の深いところへしずみこんで大西洋を南へくだっていきます。そして、インド洋や太平洋で表層にあがり、ふたたび大西洋にむかいます。このように、広い海をおよそ2000年かけてめぐりながら、地球の気候に影響をあたえています。

●大気の大循環にともなう風の流れ

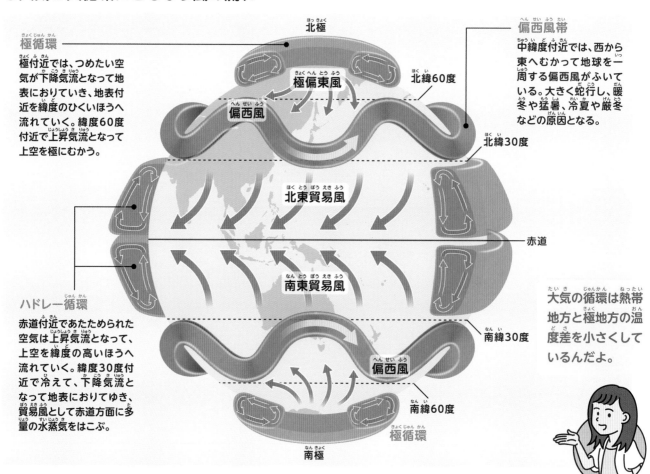

極循環
極付近では、つめたい空気が下降気流となって地表におりていき、地表付近を緯度のひくいほうへ流れていく。緯度60度付近で上昇気流となって上空を極にむかう。

北極

極偏東風

偏西風

北緯60度

偏西風帯
中緯度付近では、西から東へむかって地球を一周する偏西風がふいている。大きく蛇行し、暖冬や猛暑、冷夏や厳冬などの原因となる。

北緯30度

北東貿易風

赤道

南東貿易風

南緯30度

ハドレー循環
赤道付近であたためられた空気は上昇気流となって、上空を緯度の高いほうへ流れていく。緯度30度付近で冷えて、下降気流となって地表におりてゆき、貿易風として赤道方面に多量の水蒸気をはこぶ。

偏西風

南緯60度

極循環

南極

大気の循環は熱帯地方と極地方の温度差を小さくしているんだよ。

●海洋の大循環 　海水の循環が弱まると、ヨーロッパなどの高緯度地域は今より寒くなることが予測される（↓印）。

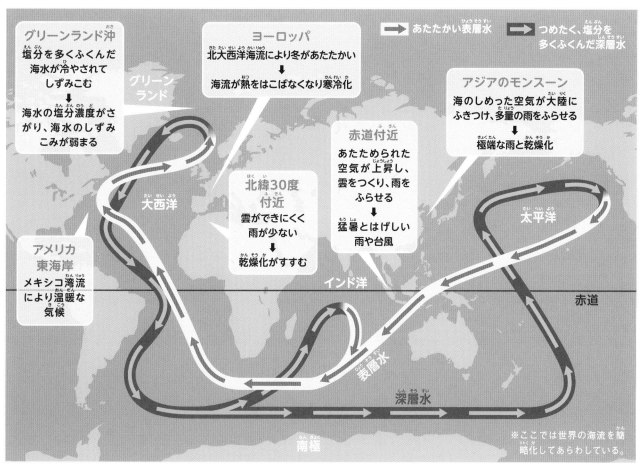

→ あたたかい表層水　　**→** つめたく、塩分を多くふくんだ深層水

グリーンランド沖
塩分を多くふくんだ海水が冷やされてしずみこむ
↓
海水の塩分濃度がさがり、海水のしずみこみが弱まる

グリーンランド

ヨーロッパ
北大西洋海流により冬があたたかい
↓
海流が熱をはこばなくなり寒冷化

アジアのモンスーン
海のしめった空気が大陸にふきつけ、多量の雨をふらせる
↓
極端な雨と乾燥化

赤道付近
あたためられた空気が上昇し、雲をつくり、雨をふらせる
↓
猛暑とはげしい雨や台風

大西洋

北緯30度付近
雲ができにくく雨が少ない
↓
乾燥化がすすむ

太平洋

アメリカ東海岸
メキシコ湾流により温暖な気候

インド洋

赤道

表層水

深層水

南極

※ここでは世界の海流を簡略化してあらわしている。

ジェット気流

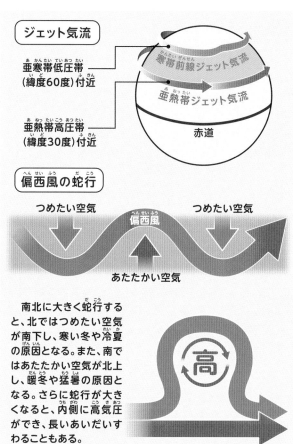

亜寒帯低圧帯（緯度60度）付近

寒帯前線ジェット気流

亜熱帯ジェット気流

亜熱帯高圧帯（緯度30度）付近

赤道

偏西風の蛇行

つめたい空気　　偏西風　　つめたい空気

あたたかい空気

南北に大きく蛇行すると、北ではつめたい空気が南下し、寒い冬や冷夏の原因となる。また、南ではあたたかい空気が北上し、暖冬や猛暑の原因となる。さらに蛇行が大きくなると、内側に高気圧ができ、長いあいだいすわることもある。

高

😊 **Information**

ジェット気流って何？

　偏西風のなかでも、とくに風が強いところを「ジェット気流」という。北と南にあり、北の上空約9kmを流れるのを寒帯前線ジェット気流、南の上空約12kmを流れるのを亜熱帯ジェット気流という。ふつう寒帯前線ジェット気流のほうが、風が強い。

▲飛行機から見たジェット気流の雲。

エルニーニョ現象とラニーニャ現象

異常気象をもたらす要因のひとつとして、エルニーニョ現象とラニーニャ現象があげられます。エルニーニョ現象とは、太平洋中央部の赤道付近から南アメリカのペルー沖にかけて海面水温が平年よりも高くなり、それが1年程度つづく現象をいいます。通常だったらこの海域では、東から西へふいている貿易風により、あたたかい海水が西に流れていくのですが、なんらかの原因で貿易風の力が弱まることがあります。すると、この海域の海面水温が平年よりも高くなり、アメリカ西部に大雨をもたらし、インドネシアやオーストラリアなどは雨がふらずに干ばつがつづきます。日本では、太平洋高気圧のはりだしが弱くなり、梅雨が長びき、冷夏となります。

ラニーニャ現象とは、貿易風が強まり、この海域の海面水温が平年よりもひくくなることをいいます。これがおこると積乱雲が発達し、太平洋高気圧のはりだしも強くなり、日本には猛暑や多雨をもたらします。このように、エルニーニョ現象とラニーニャ現象は、世界の気候に大きな影響をあたえます。

●エルニーニョ現象とラニーニャ現象がおこるわけ

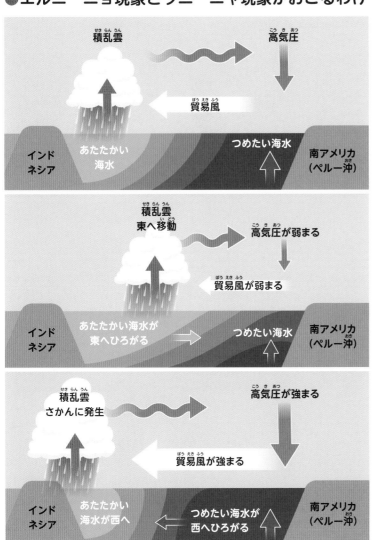

〈平常時の状態〉

東のペルー沖から西にむかって貿易風がふき、あたたかい海水を西へはこぶ。インドネシア近海ではあたたかい海水がたまり、ペルー沖ではつめたい海水がわきあがっているため海面水温はひくい。海面水温の高いインドネシア近海の上空では、積乱雲が発生する。

〈エルニーニョ現象〉

スペイン語で「神の子」、あるいは「男の子」という意味。貿易風が平常よりも弱まると、西側にたまっていたあたたかい海水は東側へひろがり、太平洋中部からペルー沖にかけて、海面水温が平年よりも高くなる。積乱雲が発生する海域は東へ移る。

〈ラニーニャ現象〉

スペイン語で「女の子」という意味。貿易風が平常よりも強まると、ペルー沖ではつめたい海水のわきあがりが強まり、太平洋中部からペルー沖では、海面水温が平年よりもひくくなる。あたたかい海水が厚くたまった西側のインドネシア近海では、積乱雲がさかんに発生し、大雨をもたらす。

●エルニーニョ現象とラニーニャ現象が発生した期間

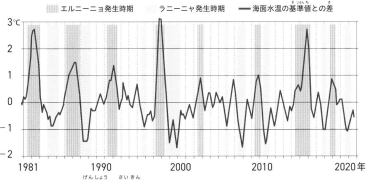

凡例: エルニーニョ発生時期 / ラニーニャ発生時期 / ——海面水温の基準値との差

▲エルニーニョ現象は最近では2014〜2016年と2018〜2019年に、ラニーニャ現象は2017〜2018年と2020〜2021年におこっている。

（気象庁ホームページより）

●海面水温のちがい

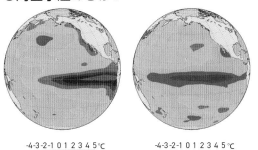

-4-3-2-1 0 1 2 3 4 5℃　　-4-3-2-1 0 1 2 3 4 5℃

▲左は1997年11月、エルニーニョ現象が最盛期のとき、右は1998年12月のラニーニャ現象が最盛期のときの海面水温の平年との差。

（気象庁ホームページより）

●日本への影響

エルニーニョのときは、夏は太平洋高気圧が発達しないため冷夏に、冬は西高東低の冬型の気圧配置が弱まるため暖冬になる。ラニーニャのときは、それとは逆に夏は暑く、冬は寒くなる傾向がある。

エルニーニョの夏
- 冬は暖冬
- 冷夏（多雨、日照不足）
- 弱い太平洋高気圧
- 西太平洋熱帯域 ← ひくい海水温

ラニーニャの夏
- 冬は寒冬
- 猛暑、西日本では豪雨
- 強い太平洋高気圧
- 西太平洋熱帯域 ← 高い海水温

Information　インド洋ダイポールモード現象

　インド洋で南東貿易風（東風）が強まると、東にあったあたたかい海水が西側へ移動する。そのため東アフリカ沖では海面水温が高くなり、上昇気流が発生し雨が多くなる。いっぽうインドネシア側では下降気流がおきやすく乾燥する。これを「正のダイポールモード現象」という。

　また、西風が強くふき、あたたかい海水が東に集まると、インドネシアやオーストラリアは大雨となり、アフリカ側は乾燥する。これを、「負のダイポールモード現象」という。

　インド洋の海面水温の変動は、フィリピン近海の海水の流れにも影響し、太平洋高気圧の勢力も左右するといわれる。エルニーニョ現象との関連も、研究がすすめられている。

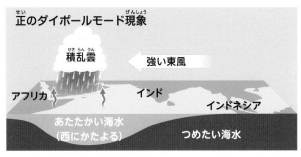

正のダイポールモード現象
- 積乱雲
- 強い東風
- アフリカ　インド　インドネシア
- あたたかい海水（西にかたよる）　つめたい海水

負のダイポールモード現象
- 強い西風
- 積乱雲
- アフリカ　インド　インドネシア
- つめたい海水　あたたかい海水（東へひろがる）

温室効果ガスと地球温暖化

地球は太陽からのエネルギーによってあたためられています。地球表面にとどいた熱は、赤外線として宇宙空間へ放射されますが、地球の大気には水蒸気や二酸化炭素、メタン、フロン類などの気体（ガス）がふくまれていて、この赤外線の一部を吸収し、地球をあたたかい状態にたもっています。このガスのはたらきで、地球に入ってくる熱と、出ていく熱のバランスがとれ、地球上の年平均気温はおよそ14℃にたもたれているのです。これらのガスを「温室効果ガス」といいます。このガスがなかったら、平均気温は－19℃となり、今のような生活環境はたもてなくなります。

ところが、石炭や石油などの化石燃料をたくさんつかうようになったことや、二酸化炭素を吸収する森林が少なくなったことなどから、大気中の二酸化炭素の量がふえて、気温があがっています。世界の年平均気温は、産業革命以前（1850～1900年）とくらべ、約1.09℃あがり、とくにここ数十年の上昇はいちじるしくなりました。この先、対策をとらずたくさんの二酸化炭素を出しつづけたら、21世紀末には気温は産業革命以前とくらべ、最大で5.7℃上昇すると予測されています。

二酸化炭素以外にも、メタンや一酸化二窒素など、温室効果ガスの排出量がふえていることから、その削減がもとめられています。

●温室効果のしくみ

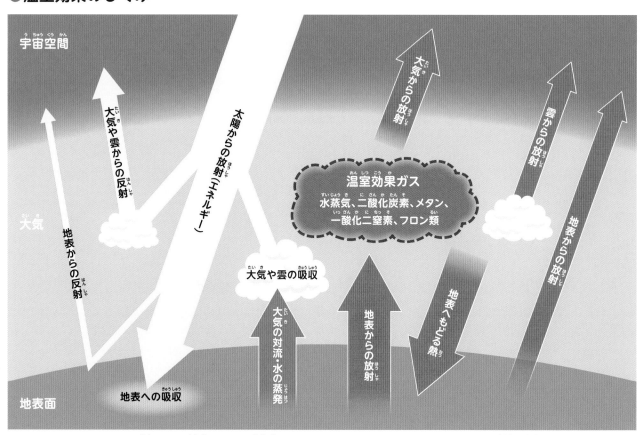

▲太陽からのエネルギーの約70％を大気や地表で吸収する。地表面から出ていく赤外線を大気中の温室効果ガスや雲が吸収し、地球を適度な温度にあたためている。温室効果ガスがふえると、地表へもどる熱がふえ、地球温暖化の原因となる。

●上昇する世界の年平均気温

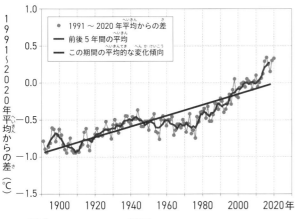

1991〜2020年平均からの差（℃）

- 1991〜2020年平均からの差
— 前後5年間の平均
— この期間の平均的な変化傾向

▲19世紀後半から気温は上昇し、その度合いはここ40年くらいで、とくにあがっている。　（気象庁ホームページより）

●温室効果ガスの種類と排出量

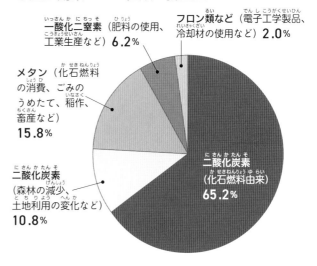

一酸化二窒素（肥料の使用、工業生産など）6.2%

フロン類など（電子工学製品、冷却材の使用など）2.0%

メタン（化石燃料の消費、ごみのうめたて、稲作、畜産など）15.8%

二酸化炭素（化石燃料由来）65.2%

二酸化炭素（森林の減少、土地利用の変化など）10.8%

（IPCC第5次評価報告書より）

●人間活動によって出される温室効果ガス

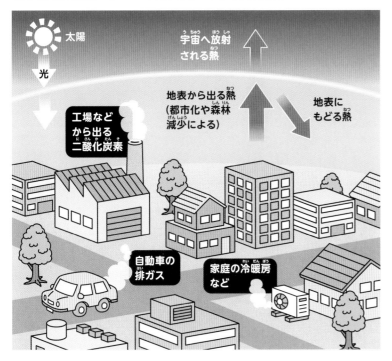

太陽

光

宇宙へ放射される熱

地表から出る熱（都市化や森林減少による）

地表にもどる熱

工場などから出る二酸化炭素

自動車の排ガス

家庭の冷暖房など

●日本の部門別二酸化炭素の排出量（直接排出量）2020年

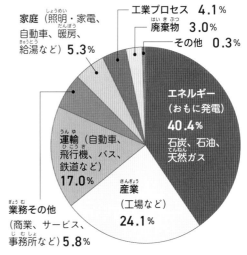

家庭（照明・家電、自動車、暖房、給湯など）5.3%

工業プロセス　4.1%
廃棄物　3.0%
その他　0.3%

エネルギー（おもに発電）40.4%
石炭、石油、天然ガス

運輸（自動車、飛行機、バス、鉄道など）17.0%

業務その他（商業、サービス、事務所など）5.8%

産業（工場など）24.1%

（環境省、国立環境研究所ホームページより）

▼アマゾンの熱帯雨林の伐採　世界最大の熱帯雨林をかかえるアマゾン川流域では、農業や牧畜の土地を開発するために、急激ないきおいで伐採がすすめられている。　（提供：Cynet Photo）

▲渋滞する東名高速道路　日本では運輸によって出される二酸化炭素の量は全体の17%に達する。
（提供：Cynet Photo）

気候変動のそのほかの要因

46億年の歴史のなかで、地球は何度も温暖な時期と寒冷な時期をくりかえしてきました。およそ40億年前に生物が誕生し、4億年前ごろから地上に植物が、ついで両生類などの生物も進出しはじめます。その後の石炭紀は温暖で、植物がおいしげり、その化石が石炭になり、現在、燃料としてつかわれています。

約2億5000万年前、火山活動などによる生物の大量絶滅がおとずれますが、約2億年前から温暖な時代に入り、恐竜が繁栄しました。6600万年前、隕石の落下により、多くの生物が絶滅しました。約270万年前から氷河時代に入り氷期(寒い時期)と間氷期(あたたかい時期)をくりかえし、そのたびに海面は100mも上下しました。そして約1万年前からは、間氷期に入っています。

こうした地球の温暖や寒冷については、さまざまな要因がからんでおこっています。太陽が発する放射量も変化します。地球の自転軸のかたむきや歳差運動*、地球の公転軌道の変化などによっても、太陽から地球がうける日射量はかわり、温暖と寒冷をくりかえしています。

また、火山の噴火も規模が大きくなると、火山灰やガスが日射をさえぎり、世界中に冷害をもたらします。20世紀最大の火山噴火とされるフィリピンのピナツボ火山の噴火では、大量の硫酸エアロゾル**が成層圏にひろまり、世界の平均気温は一時的に0.4℃さがったという報告もあります。

●地球46億年の歴史と気候の変化

先カンブリア時代		
	46億年前	地球誕生
	40億年前	最初の生物(微生物)が発生。
	35億〜25億年前	光合成をおこなうシアノバクテリアが誕生。
	22億、7億、6億年前〜	全球凍結(気温は−40℃)
5億4100万年前	5億4100万年前〜	温暖化で生物の多様性が増大(カンブリア爆発)。

古生代	カンブリア紀	4億8000万年前〜 酸素の増加、オゾン層の形成。生物が地上に進出。
	オルドビス紀	3億6000万年前〜 シダ植物や裸子植物が大森林を構成→炭素を地中に固定(石炭)。
	シルル紀	
	デボン紀	
	石炭紀	
	ペルム紀	2億5200万年前 火山噴火などにより生物の大量絶滅。種の絶滅率96%。
2億5200万年前		

中生代	三畳紀	2億年前〜 温暖化(現在よりも8〜15℃高い)。恐竜の大繁栄。
	ジュラ紀	
	白亜紀	6600万年前 隕石が落下し、大量のちりをまきあげ、太陽光をさえぎったため、地球は寒冷化し、恐竜をはじめ多くの生物が絶滅した。
6600万年前		
	古第三紀	3000万年前ごろ 南極の周極流が誕生。氷床形成。

新生代	新第三紀	1500万年前 大西洋の深層水循環始まる。
		700万年〜 最古の人類サヘラントロプス・チャデンシス登場。
	第四紀	270万年前〜 氷期と間氷期を周期的にくりかえす(数万〜10万年の周期)。
		20万年前 ホモ・サピエンス登場。
		1万年前 最後の氷期が終わり間氷期に。その後も、寒冷と温暖をくりかえす。

年代の数字はおおよそその年をあらわしている。

*歳差運動…地軸がこまのように円をえがいてゆれうごくこと。すりこぎ運動、首ふり運動ともいう。

●太陽から地球がうける日射量の変化

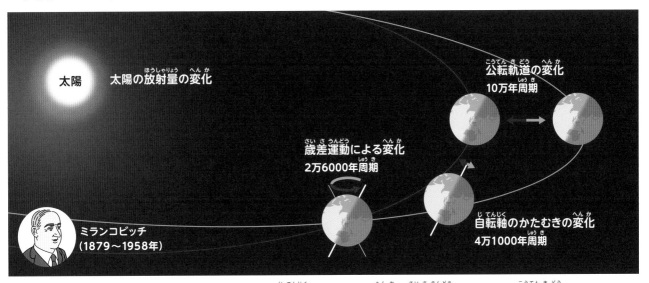

▲ミランコビッチがみちびきだしたサイクル　地球の自転軸のかたむきの変化、歳差運動による変化、公転軌道の変化などにより、地球が太陽からうける日射量は周期的に変化する。

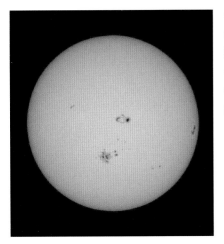

◀太陽の黒点　太陽黒点の数は、およそ11年周期でふえたりへったりをくりかえしている。黒点の数が多いときほど、太陽活動が活発だ。

▶フィリピンのピナツボ火山の噴火（1991年）　火山ガスにより生成された硫酸エアロゾルのひろがり。写真上は噴火直後、下は2か月後の分布。　　（提供：Cynet Photo）

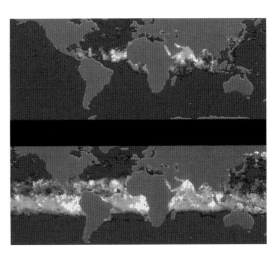

Information

宇宙の天気予報

　太陽は地球上に、熱や光だけでなく、有害なX線や紫外線、高エネルギー粒子などもおくってくる。地球の大気や磁場は、これらが地表にとどくのをふせいでいるが、太陽活動が活発になると、地球の近くの宇宙空間や地上の施設に、大きな影響をおよぼす。そのため、宇宙天気予報センターは宇宙天気情報を提供している。

●太陽フレアによる影響

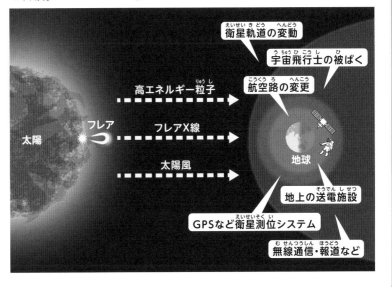

＊＊硫酸エアロゾル…火山噴火により噴煙が成層圏に達すると、成層圏には多量の小さい粒子の硫酸エアロゾルが生成される。これが長い期間、成層圏をただよい、日射を減少させる。

4章 ストップ！地球温暖化

国際的な取りくみ始まる

　19世紀後半の産業革命前とくらべ、世界の年平均気温は約1.09℃あがりました。20世紀後半から、世界中で温室効果ガスの排出量が急にふえ、とくに最近、世界中でこれまでになかったような猛暑や熱波、干ばつ、大雨などがしばしばおこっています。

　こうした事態をうけて、温暖化に対する国際的な取りくみが活発になりました。2015年にフランスのパリで開かれた第21回国連気候変動枠組条約締約国会議（COP21）で、190以上の国と地域が、「産業革命以前からの気温上昇を2℃未満に、努力目標として1.5℃におさえること、そのためには今世紀後半のなるべく早い時期に温室効果ガスの排出ゼロをめざすこと」に合意しました。

　それではいつゼロにできるのでしょうか。IPCC（➡39ページ）は2050年までに温室効果ガスの排出量をゼロにすれば、気温上昇を1.5℃におさえることも可能であることをしめしました。これをうけ、ヨーロッパ諸国や日本などは、「2050年までに排出ゼロをめざすこと」を決定。世界中の多くの企業も、その目標をかかげるようになりました。

●温暖化防止にむけた国際的な取りくみ

1985年	フィラハ会議。オーストリアのフィラハで開かれた温暖化に関するはじめての世界会議。
1988年	国連の気候変動に関する政府間パネル（IPCC）設立。
1992年	ブラジルのリオデジャネイロで、国連環境開発会議（地球サミット）開催。温室効果ガスの削減をめざす気候変動枠組条約が成立。
1995年	最初の国連気候変動枠組条約締約国会議（COP1）がベルリンで開かれる。
1997年	京都でCOP3開催。2020年までに先進国の温室効果ガスの排出量をへらす目標をさだめたが、アメリカは不参加。中国・インドは対象外。
2015年	国連に加盟する世界193か国は、17の持続可能な開発目標（SDGs）をかかげ、2030年までの達成をめざした。その7番に「エネルギーをみんなに そしてクリーンに」、13番に「気候変動に具体的な対策を」をあげている。
2015年	パリでCOP21開催。気温上昇を2℃未満、できれば1.5℃におさえることに合意。
2021年	イギリスのグラスゴーでCOP26開催。

▲パリで開かれたCOP21　気温上昇を2℃未満におさえることに合意した。
（提供：Cynet Photo）

▲イギリスのグラスゴーで開かれたCOP26　気温上昇を1.5℃におさえることで各国が合意。石炭火力発電の廃止がとりあげられたが、中国、インド、アメリカ、日本などが反対し、「段階的に削減する」という表現におちついた。
（提供：Cynet Photo）

天気のことば　気候変動に関する政府間パネル（IPCC）とは？

IPCCとは、国連環境計画と世界気象機関により、1988年に設立された機関で、気候変動がもたらすさまざまな影響をはじめ、気候変動をおさえる対策などももりこんだ報告書を発表。第6次評価報告書は世界66か国200人以上の専門家が、1万4000本もの信頼できる最新の論文を読みこみ、チェックしてまとめた。2007年にノーベル平和賞を受賞。

▶ **IPCCが予測した気温の変化**　温室効果ガスを大幅にへらした場合、21世紀末には産業革命前とくらべて1〜1.8℃の上昇。何の対策もとらずにたくさんの二酸化炭素を出しつづけたら、最大で5.7℃上昇すると予測している。　　　　　　　（IPCC第6次評価報告書／JCCCAホームページより）

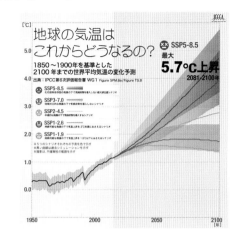

Information　地球温暖化を予測した真鍋淑郎さん

アメリカのプリンストン大学の上席研究員の真鍋淑郎さん（1931年〜）は、大気中の二酸化炭素が気温にあたえる影響についてコンピューターで再現し、温暖化の原因を科学的に実証したことが評価され、2021年のノーベル物理学賞を受賞した。

真鍋さんは東京大学で数値予報を専攻し、博士課程修了後、アメリカにわたり、国立気象局で最先端のコンピューターをつかって、気候モデルの開発に取りくんだ。大気を地表から高度数十kmの上空まで一本の柱として計算し、気温や気圧、風向きなどを数式におきかえて再現する「一次元大気モデル」を考案。大気中の二酸化炭素の濃度を2倍にすると、地表の気温がおよそ2.3℃あがると試算し、1967年に発表した。さらにその2年後、大気の循環を三次元で再現し、海洋から出る熱や水蒸気などをくわえた「大気・海洋結合モデル」を発表。これは現在の地球温暖化の予測につかわれる気候モデルの原型となっている。

世界をリードする若者たち

1992年にブラジルのリオデジャネイロで開かれた地球サミットでのこと、子どもの環境団体の代表としてカナダのセヴァン・カリス・スズキさん（当時12歳）が講演をした。「子どもの未来を真剣に考えてください」とうったえ、世界中の人びとの心を動かした。

また2018年、スウェーデンのグレタ・トゥンベリさん（当時15歳）は、議会の前にすわりこみ、「おとなたちはなぜこの気候変動に本気で立ちむかわないの？」と抗議した。これをきっかけに、「未来のための金曜日（Fridays For Future）」の運動がおこり、金曜日はおと

▲ドイツのベルリンで「未来のための金曜日」の集会が開かれ、聴衆の前で話すトゥンベリさん。

（提供：Cynet Photo）

なたちに行動をせまるストライキが各地でおこなわれるようになった。現在、この運動は世界中の若者たちのあいだにひろまっている。

脱炭素社会の実現にむけて

2050年までに温室効果ガスの排出量を実質ゼロ（カーボンニュートラル）にしようという目標にむけて、各国でさまざまな取りくみが始められました。とくに日本は、電力をつくるのに二酸化炭素の排出量の多い化石燃料（石炭や石油など）をつかっています。これをへらしていかなければなりません。

ガソリンや軽油を燃料として走る自動車も、電気自動車や燃料電池自動車などへの転換がせまられています。またそれらをつくる工場でも、二酸化炭素の量をへらそうという目標をかかげました。

化石燃料にかわる「夢の燃料」として期待されるのが水素です。再生可能エネルギーによる電力で水を電気分解して、えられた水素を燃料電池にたくわえ、それを電気にもどしてつかうのです。また、太陽光と水と二酸化炭素から化学原料などをつくる人工光合成や、化石燃料を二酸化炭素と水素に変換する研究などもすすめられています。

いっぽう、二酸化炭素を地中や海底にとじこめようという研究や、二酸化炭素を資源として利用しようという取りくみもなされています。二酸化炭素を吸収する森や海を育てる活動も始まりました。

このように、化石燃料にささえられて発展してきた経済や社会の流れは、今、大きな方向転換をむかえています。

●おもな国の二酸化炭素排出量 （2018年）
（環境省ホームページより）

335億トン

- 中国 28.4%
- アメリカ 14.7
- インド 6.9
- ロシア 4.7
- 日本 3.2
- ドイツ 2.1
- 韓国 1.8
- イラン 1.7
- カナダ 1.7
- インドネシア 1.6
- サウジアラビア 1.5
- メキシコ 1.3
- 南アフリカ 1.3
- ブラジル 1.2
- オーストラリア 1.1
- イギリス 1.1
- その他 25.6

●日本の発電の電源構成　2030年度の目標

1兆240億kWh

2019年度 実績
- 再生可能エネルギー 18%
- 原子力 6
- 天然ガス 37
- 石炭 32
- 石油 7

2030年度 新目標
9300億〜9400億kWh
- 太陽光 15
- 風力 6
- 水力 10
- バイオマス 5
- 水素・アンモニア 1
- 地熱 1
- 36〜38
- 20〜22
- 20
- 19
- 2

日本では化石燃料をへらすことが課題となっているよ。

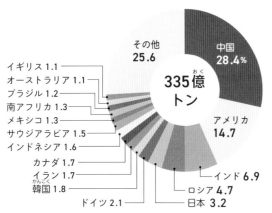

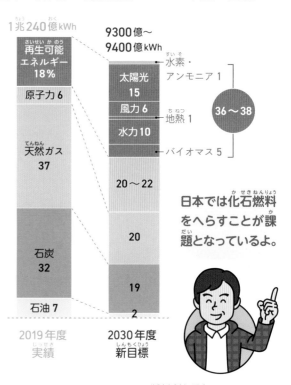

◀ドイツの石炭火力発電所　石炭産出国のドイツでも、2038年までに石炭火力発電の全廃を決めた。　（提供：Cynet Photo）

●脱炭素社会をめざすさまざまな取りくみ

●化石燃料（石炭、石油、天然ガス）
→再生可能エネルギー（太陽光、風力、地熱、バイオマス、中小水力など）に転換
●水素・アンモニアを燃料とする発電
●二酸化炭素の回収・利用・貯留

●製造工程で出る二酸化炭素をへらす技術の開発
●化石燃料以外のエネルギーを使用

ガソリン車→電気自動車、燃料電池自動車などに
カーシェア
電車など公共交通の利用

●メタン排出量の多い牛肉の製造
→牛の品種改良、飼料の開発、人工肉の開発
●グリーンカーボン（植林などで森を育てる）
●ブルーカーボン（海草や海藻、マングローブ林を造成する）

●節電（こまめに電気を消す、冷暖房の温度を調整）
●省エネ家電をつかう
●ごみをへらす
●再生可能エネルギーを使用

●カーボンフットプリント　製品の原材料の調達から製造、輸送、販売、使用、廃棄まですべてのサイクルで出された温室効果ガスを二酸化炭素の量に換算して数字でしめす。

●再生可能エネルギー産業や脱炭素をめざす産業への支援

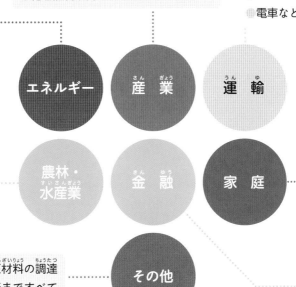

（円内：エネルギー、産業、運輸、農林・水産業、金融、家庭、その他）

●未来の水素社会のイメージ

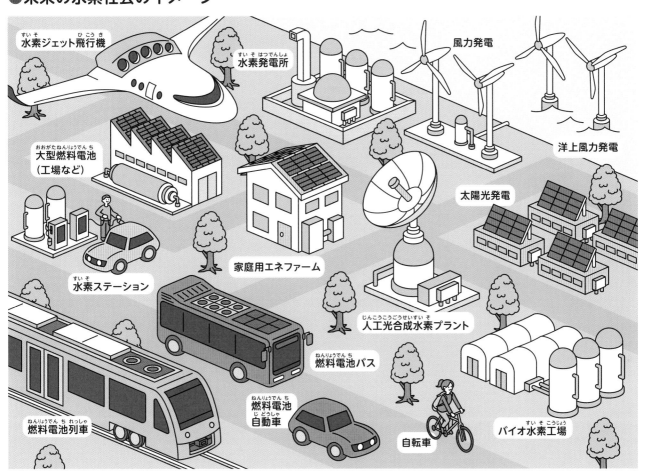

水素ジェット飛行機
水素発電所
風力発電
大型燃料電池（工場など）
洋上風力発電
太陽光発電
水素ステーション
家庭用エネファーム
人工光合成水素プラント
燃料電池バス
燃料電池自動車
燃料電池列車
自転車
バイオ水素工場

異常気象にそなえて

世界の年平均気温は19世紀後半にくらべ、すでに約1.09℃あがっています。これから先、2℃に、さらに4℃にあがったらどうなるでしょう？ 猛暑日や熱帯夜がふえ、熱中症で亡くなる人もふえます。台風や大雨による洪水もおこりやすくなります。海面の水位があがると、その被害はさらにまします。

気温上昇をできるだけひくくおさえるにはどうするか、一人ひとりの努力が問われています。それとともに、よりひんぱんにおこるであろう災害に対して、ふだんからそなえておくことが必要です。

まず自治体が出しているハザードマップを見て、自分の家やそのまわりで、洪水や浸水、土砂災害の危険性がどのくらいかをしらべます。また家族と日ごろから避難場所や避難経路などについて話しあい、いざとなったときにどうするか、マイ・タイムライン（私の避難計画）をつくりましょう。あわせて、非常もちだしぶくろも用意します。

またそれとはべつに、電気や水道がとまり、トイレもつかえなくなることがあるので、ふだんから3日〜1週間分の食料や水、ガスコンロ、簡易トイレなどはそろえておきましょう。そして、いざとなったときは、早めに避難することがたいせつです。

●21世紀末の日本は？

19世紀後半とくらべ		2℃上昇	4℃上昇
気温	年平均気温	約1.4℃上昇	約4.5℃上昇
	猛暑日	約2.8日ふえる	約19.1日ふえる
	熱帯夜	約9.0日ふえる	約40.6日ふえる
	冬日	約16.7日へる	約46.8日へる
はげしい雨	日降水量の年最大値	約12％ふえる	約27％ふえる
	1時間あたり50mm以上の雨	約1.6倍に	約2.3倍に
強い台風の割合		ふえる	
海面水温		約1.14℃あがる	約3.58℃あがる
沿岸の海面水位		約0.39mあがる	約0.71mあがる

＊表中の数字は20世紀末とくらべた数字。

（文部科学省／気象庁「日本の気候変動2020」より）

●ハザードマップ

東京都江戸川区では、安全な他県へのがれるよう指示が出されている。

（江戸川区ホームページより）

●逃げキッド

マイ・タイムラインをつくるときの指針にしよう。

（国土交通省ホームページより）

●洪水キキクル

近くの川のようすなどをしらべることができる。ほかに「浸水キキクル」「土砂キキクル」などがある。

（気象庁ホームページより）

●マイ・タイムラインをつくろう

1 ハザードマップで近所のようすをチェック

自分の家がある場所を確認。川がはんらんしたら、どこまで水がくるかをしらべる。つぎに、近所を歩いて、水があふれそうな排水路や川、アンダーパス、がけくずれがおこりそうなところなどをチェック。

▲ハザードマップを見ながらチェック。

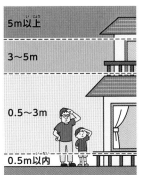

5m以上
3〜5m
0.5〜3m
0.5m以内

▲どこまで水がくるかを確認。

▲はんらんしそうな場所をチェック。

▲土砂災害がおこりそうな場所をチェック。

2 家族と話しあう

いざとなったときどうするか、避難先はどこにするか、連絡方法なども決めておこう。

3 非常もちだしぶくろを用意

避難するときに、必要なものをリュックに入れておく。

飲み水、食料（おかし、保存のきく食品）、薬、お薬手帳、保険証、懐中電灯、電池、携帯電話、充電器、ティッシュペーパー、着がえ、タオル、大きめのごみぶくろなど。

●台風や大雨が近づいてきたら

警戒レベル1

気象庁が早期注意情報発表。
↓
心がまえを高める。

警戒レベル2
気象状態が悪化

気象庁が大雨注意報、洪水注意報を発表。
↓
ハザードマップで避難行動を確認、近くの川の水位をネットなどでチェック、非常もちだしぶくろを準備。

▲スマホやテレビで情報収集。

警戒レベル3
災害のおそれがある

気象庁が大雨警報、洪水警報を発表。市町村が高齢者等避難を発令。
↓
高齢者や乳幼児のいる家庭は早めに避難。

▲ヘルメット、手ぶくろ、運動ぐつ、雨具を用意。長ぐつはさける。

警戒レベル4
災害のおそれが高い

気象庁が土砂災害警戒情報を発表、市町村が避難指示を発令。
↓
危険な区域から避難場所や知人宅など少しでも安全な場所へ、すみやかに避難。

▲川があふれる前に、明るいうちに、足元に気をつけながら避難。

警戒レベル5

災害が発生。川がはんらんし、道路は水びたし

気象庁が大雨特別警報、市町村が緊急安全確保を発令。
↓
避難できていない人は、自宅の中で少しでも安全な場所に移動する。

▲高いところへ、斜面からはなれた側へのがれる。

43

空の探検家って どんなことをしているの？

一空の探検家・気象予報士の武田康男さんに聞く

▲バイカル湖の氷の上で星空の観察　透明度の高い氷の表面には星や空が反射してすばらしい。地球にはまだふしぎな場所がいっぱい。

小学生のころから空の魅力にとりつかれていた武田さん。雲や虹、しんきろうやオーロラ、星空など、空に見られる自然現象の美しさを伝える空の探検家になるまでのあゆみを語っていただきました。

——空に関心をもつようになったきっかけは？

小学校にあがる前、冬の夕方、大きくて明るい流れ星（火球）を見てびっくりしたのが始まりです。それから星空に興味をもつようになり、紙の天体望遠鏡をつくって土星の環や月のクレーターを見たりしていました。やがて父から一眼レフカメラをかりて、星座や流星、星雲の写真などをとるようになりました。星空の写真のとりかたなどだれも教えてくれなかったので、「天文ガイド」（誠文堂新光社）などの雑誌や本をたよりに、おぼえました。

高校時代には、土曜日の授業が終わると、電車で房総の海や野辺山、日光などへ行き、一晩中、星空の観測や撮影をしていました。出かけるときに必要なのは天気予報です。快晴でないと星の写真はきれいにとれないので、数日前からラジオの気象通報を聞いて天気図を書いて、天気の変化を予想し、快晴になると確信してから出かけます。

このころから雲や虹、かみなり、オーロラなど、地球の大気中でおこる自然現象に興味をもつようになりました。それらがおこる理由を知りたい、たしかめたい、その光景を記録して伝えたいと思い、さらにオーロラを見たい、南極へ行きたい、自分の目で見てたしかめたことを写真と文にして、テレビ番組などでも伝えたい、などと将来の設計図をえがいていました。そして当時、南極の研究に力を入れていた東北大学にすすみました。

大学時代は、知床から西表島まで日本中、野宿をしながら旅してまわり、各地の自然のすばらしさを知りました。今も、そのときの経験がもとになっていて、いつどこで、何が見られるかだいたいわかります。

——地学の教員になったのは？

卒業後の就職先として、気象庁やテレビ局も考えましたが、生徒たちに自然のすばらしさを伝えたいと思い、高校の地学の教員になりました。また地学部や山岳部、天文部、写真部などの顧問となり、休みになると生徒たちと野山に出かけて行き、美しい山や星空、雲などを見ながら教えることができました。

▲南極で気球観測　気球をあげて、空気のよごれをはかっている。

▶オーロラ　アラスカの丘の上で、かなたからやってくるオーロラを魚眼レンズで撮影。

▲**富士山の雲** つるし雲は、しめった風が富士山にぶつかってできる。さまざまな形があっておもしろい。

教員になって2年後、アラスカへオーロラの観測にひとりで行きました。地図一枚と観天望気（空を見て、雲の形や動きから天気を予測する）をたよりに、オーロラをさがしまわりました。この旅行から無事に帰り、生徒たちに写真を見せると、とても興味をもってくれたので、自分のやりたいことは、こうして自然を記録して伝えることなんだと、あらためて確信しました。その写真を「天文ガイド」の編集部に送ったら、8ページのカラー特集としてのせてくれ、オーロラを見にいく人がふえました。

高校では文化祭や体育祭、修学旅行など、いろいろな行事があり、そのときの天気はすごく重要です。とくに山岳部などの顧問として山にのぼるときなどは、生徒の命を守るという意味でも、天気の細かい予想をしなければなりません。気象予報士の資格は必要だと思って受験しました。それまで天気図を書いたり予報をしたりして、基本的な知識は実践で学んできたので、試験はそれほどむずかしくはなかったです。

▲**バイカル湖の氷** きれいな水がこおるので、透明な青い氷ができる。厚さ1mでも、下でおよいでいる魚が見える。

──南極はどんなところでしたか？

教員を20年あまりつとめたのち、南極観測隊に応募しました。南極は地球上でいちばん空気がきれいなところです。ちりがないから、はいた息が白くならないし、雲もできにくいのです。ウイルスや細菌がいないから風邪もひきません。まわりの雪や氷もよごれていないので、とかせばそのままのめます。そして空がすんでいるので、星もオーロラもきれいに見えます。雪の結晶も透明で大きく（最大7mm）、見事でした。

そこで二酸化炭素やメタン、酸素など空気の成分や、雲の高さや量、太陽の光の散乱、大陸の氷の動き、空気

のよごれなどを観測しました。南極にいると地球全体のことが見えてきます。南極で変化していることがあれば、それは地球で変化していることなのです。二酸化炭素も南極でふえていることを観測し、実感しました。

南極の建物の外は冷凍庫という感じで、気温は-40℃～5℃くらいです。ここから生中継でリモートの授業をおこないました。お湯をまくと白い雲ができ、風に流されてふわっと飛んでいきます。からのペットボトルを外に出すと、温度差でぼこぼことつぶれます。そのほか、雪の結晶やオーロラ、しんきろうなどを説明しました。

──フリーランスとして再スタートしますね。

日本に帰ってから、本や番組などでも大気や自然現象の魅力を伝えたいと思い、高校の教員をやめてフリーランスになりました。最初の一年は、南極での体験を子どもたちに伝えようと、小中学校をまわって講演をしました。また、世界のいろいろなところへ行ってみてたしかめてから、アラスカ・カナダのオーロラ、バイカル湖などのツアーで解説をしました。そのほか、大学の非常勤講師や、講演・講座なども多数おこなっています。

さまざまな自然現象に対し、すばやく対応するために、今も1時間単位でいつでも睡眠をとれるようにしています。また同じ場所に行っても、いつもあらたな展開を考えます。今は動画も多くとっていますが、何度も挑戦し、失敗し、くふうしてやっと作品ができあがります。自然現象は、よく見てしらべないと、わかったようでいて、わからないことが多いです。そうした自然のふしぎ、神秘、おどろき、おもしろさを伝えていきたいです。

国内に2か所、定点観測所をおいて、リモートで撮影できるようにしています。山中湖からのぞむ富士山は、世界一おもしろい雲が見えるところです。茨城県は海に開けていて、一年中、日の出が見られます。スプライト（落雷と同時に宇宙にはなたれる赤い光）や変形した太陽などふしぎな現象が見られ、期待以上の成果があがっています。また千葉県の自宅にも天体望遠鏡を設置し、屋上から空のさまざまな現象を撮影しています。いつでも空が見られる環境は大事だと思っています。

地球温暖化にしても、まだわかっていないことがたくさんあります。教科書に書いてあることやおとなが言っていることは、かならずしも正しいとはかぎりません。これからの地球環境についても、ほかに対策がないのか、自分の頭で積極的に考えてほしいです。そのためには、事実を正しく知ることが必要です。

▶**太陽のフレアの観測** 武田さんは、太陽の黒点やフレアの観測もおこなっている。太陽で大きな爆発がおこると、地球に影響するからだ。

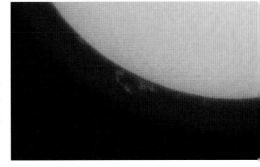

さくいん

●監修

武田康男（たけだ・やすお）

空の探検家、気象予報士、空の写真家。日本気象学会会員。日本自然科学写真協会理事。
大学客員教授・非常勤講師。千葉県出身。東北大学理学部地球物理学科卒業。元高
校教諭。第50次南極地域観測越冬隊員。主な著書に『空の探検記』（岩崎書店）、『雲
と出会える図鑑』（ベレ出版）、『楽しい雪の結晶観察図鑑』（緑書房）などがある。

菊池真以（きくち・まい）

気象予報士、気象キャスター、防災士。茨城県龍ケ崎市出身。慶應義塾大学法学部
政治学科卒業。これまでの出演に『NHKニュース7』『NHKおはよう関西』など。
著書に『ときめく雲図鑑』（山と溪谷社）、共著に『雲と天気大事典』（あかね書房）
などがある。

●写真・画像提供

朝日新聞社　ウェザーマップ　江戸川区　環境省　菊池真以　気象庁
北原正彦　北村雅良　国土交通省　国立感染症研究所　消防庁
森林総合研究所　武田康男　新潟県　農研機構　松井哲哉
山形県庄内産地研究室　Cynet Photo　JCCCA　WWFジャパン

●参考文献

川瀬宏明著『極端豪雨はなぜ毎年のように発生するのか』（化学同人）
川瀬宏明著『地球温暖化で雪は減るのか増えるのか問題』（ベレ出版）
小西雅子著『地球温暖化を解決したい』（岩波書店）
環境省ホームページ『こども環境白書』
気象庁ホームページ『気候変動監視レポート2020』ほか
国立環境研究所ホームページ『ココが知りたい地球温暖化』
IPCC「第5次評価報告書」「第6次評価報告書」

●装丁・本文デザイン　株式会社クラップス（佐藤かおり）
●イラスト　本多翔
●校正　吉住まり子

気象予報士と学ぼう！　天気のきほんがわかる本

❻　異常気象と地球温暖化

発行　2022年4月　第1刷

文	：吉田忠正
監修	：武田康男　菊池真以
発行者	：千葉 均
編集	：原田哲郎
発行所	：株式会社ポプラ社
	〒102-8519　東京都千代田区麹町4-2-6
ホームページ	：www.poplar.co.jp（ポプラ社）
	kodomottolab.poplar.co.jp（こどもっとラボ）
印刷・製本	：瞬報社写真印刷株式会社

Printed in Japan
ISBN978-4-591-17278-0 / N.D.C. 451/ 47P / 29cm
©Tadamasa Yoshida 2022

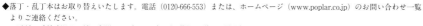

気象予報士と学ぼう！

天気のきほんがわかる本 全6巻

小学中学年～高学年向き

チャイルドライン
0120-99-7777